国家中等职业教育改革发展
示范校核心课程系列教材

食品检验与分析实训

Shipin Jianyan yu Fenxi Shixun

赵志顺 主编

U0951429

中国农业大学出版社
CHINA AGRICULTURAL UNIVERSITY PRESS

内 容 简 介

本教材是根据2001年教育部颁布的中等职业学校食品生物工艺专业“食品分析与检验教学基本要求”，并参照有关行业的职业技能鉴定规范及中级技术工人等级考核标准编写的适应本地产业特色的中等职业教育校本教材。

本教材共分为“感官检验技术”“物理检验技术”“滴定分析技术”“称量分析技术”“气体分析技术”“仪器分析技术”“食品卫生微生物学检验技术”7个项目，“饮料成品的感官检验”“比重计、比重瓶测相对密度”“盐酸、氢氧化钠标准溶液的配制与标定”“水分含量的测定”“食品的pH测定”“食品中菌落总数的测定”等43个任务。本教材较系统地阐述了食品检验与分析的基本方法和技术，内容通俗易懂，实用性强。

图书在版编目(CIP)数据

食品检验与分析实训/赵志顺主编. —北京：中国农业大学出版社，2016.3
ISBN 978-7-5655-1500-2

Ⅰ.①食… Ⅱ.①赵… Ⅲ.①食品检验②食品分析 Ⅳ.①S207.3

中国版本图书馆CIP数据核字(2016)第021761号

书　名　食品检验与分析实训
作　者　赵志顺　主编

策划编辑　赵　中　　责任编辑　田树君
封面设计　郑　川　　责任校对　王晓凤
出版发行　中国农业大学出版社
社　址　北京市海淀区圆明园西路2号　　邮政编码　100193
电　话　发行部 010-62818525,8625　　读者服务部 010-62732336
　　　　编辑部 010-62732617,2618　　出　版　部 010-62733440
网　址　http://www.cau.edu.cn/caup　　**E-mail** cbsszs@cau.edu.cn
经　销　新华书店
印　刷　涿州市星河印刷有限公司
版　次　2016年5月第1版　2016年5月第1次印刷
规　格　787×980　16开本　14印张　255千字
定　价　27.00元

图书如有质量问题本社发行部负责调换

国家中等职业教育改革发展示范校核心课程系列教材
建设委员会成员名单

主 任 委 员：赵卫琍

副主任委员：栾　艳　何国新　江风平　关　红　许学义

委　　　员：（按姓名汉语拼音排序）

边占山　陈　禹　韩风奎　金英华　李　强

梁丽新　刘景海　刘昱红　孙万库　王昆朋

严文岱　要保新　赵志顺

编写人员

主　编　赵志顺

参　编　刘海杰　徐　月　顾一男

序言

职业教育是“以服务发展为宗旨，以促进就业为导向”的教育，中等职业学校开设的课程是为课程学习者构建通向就业的桥梁。无论是课程设置、专业教学计划制定、教材选择和开发，还是教学方案的设计，都要围绕课程学习者将来就业所必需的职业能力形成这一核心目标，从宏观到微观逐级强化。教材是教学活动的基础，是知识和技能的有效载体，它决定了中等职业学校的办学目标和课程特点。因此，教材选择和开发关系着中等职业学校的学生知识、技能和综合素质的形成质量，同时对中等职业学校端正办学方向、提高师资水平、确保教学质量也显得尤为重要。

2015 年国务院颁布的《关于加快发展现代职业教育的决定》提出：“建立专业教学标准和职业标准联动开发机制，推进专业设置、专业课程内容与职业标准相衔接，形成对接紧密、特色鲜明、动态调整的职业教育课程体系”等要求。这对于探索职业教育的规律和特点，推进课程改革和教材建设以及提高教育教学质量，具有重要的指导作用和深远的历史意义。

目前，职业教育课程改革和教材建设从整体上看进展缓慢，特别是在“以促进就业为导向”的办学思想指导下，开发、编写符合学生认知和技能形成规律，体现以应用为主线，符合工作过程系统化逻辑，具有鲜明职教特色的教材等方面还有很大差距。主要是中等职业学校现有部分课程及教材不适应社会对专业技能的需要和学校发展的需求，迫切需要学校自主开发适合学校特点的校本课程，编写具有实用价值的校本教材。

校本教材是学校实施教学改革对教学内容进行研究后开发的教与学的素材，是为了弥补国家规划教材满足不了教学的实际需要而补充的教材。抚顺市农业特产学校经过十多年的改革探索和两年的示范校建设，在课程改革和教材建设上取得了一些成就，特别是示范校建设中的 18 本校本教材现均已结稿付梓，即将与同行和同学们见面交流。

本系列教材力求以职业能力培养为主线，以工作过程为导向、以典型工作任务和生产项目为载体，对接行业企业一线的岗位要求与职业标准，用新知识、新技术、新工艺、新方法，来增强教材的实效性。同时还考虑到学生的起点水平，从学生就业够用、创业适用的角度，使知识点及其难度既与学生当前的文化基础相适应，也更利于学生的能力培养、职业素养形成和职业生涯发展。

本套校本教材的正式出版，是学校不断深化人才培养模式和课程体系改革的结果，更是国家示范校建设的一项重要成果。本套校本教材是我们多年来按农时季节、工作程流、工作程序开展教学活动的一次理性升华，也是借鉴国内外职教经验的一次探索，这里面凝聚了各位编审人员的大量心血与智慧。希望该系列校本教材的出版能够补充国家规划教材，有利于学校课程体系建设和提高教学质量，能为全国农业中职学校的教材建设起到积极的引领和示范作用。当然，本系列校本教材涉及的专业较多，编者对现代职教理念的理解不一，难免存在各种各样的问题，希望得到专家的斧正和同行的指点，以便我们改进。

该系列校本教材的正式出版得到了蒋锦标、刘瑞军、苏允平等职教专家的悉心指导，同时，也得到了中国农业大学出版社以及相关行业企业专家和有关兄弟院校的大力支持，在此一并表示感谢！

教材编写委员会

2015 年 8 月

前言

《食品检验与分析实训》是以就业岗位为依据，以生产工作流程为导向，以职业能力培养为核心，按照职业岗位对知识、技能、素质的要求进行整合，强调教材内容的实用性，理论知识以“必需、够用”为度，突出专业技能与职业能力的培养，我们将教材内容整合为“感官检验技术”“物理检验技术”“滴定分析技术”“称量分析技术”“气体分析技术”“仪器分析技术”“食品卫生微生物学检验技术”7个项目，“饮料成品的感官检验”“比重计、比重瓶测相对密度”“盐酸、氢氧化钠标准溶液的配制与标定”“水分含量的测定”“食品的pH测定”“食品中菌落总数的测定”等43个任务。教材内容通俗易懂、实用性强，充分体现职业教育的特点，旨在培养学生分析问题、解决问题及实际操作的能力，为从事相关工作打下扎实的基础。

编　者

2016年1月

目录

实训项目一　感官检验技术

【知识目标】

掌握感官检验技术的基本要领。

【能力目标】

熟练掌握感官检验的评定和描述、感官检验技术。

任务一　饮料成品的感官检验

【知识目标】

熟练掌握饮料的感官质量、包装容器、标签要求的知识。

【能力目标】

1. 正确掌握饮料感官鉴别的方法步骤；
2. 能将感官分析技术应用于饮料成品检验与分析工作中。

一、任务准备

(一)仪器

(1)一次性口杯；　(2)温水；

(3)标签；　(4)脱脂棉　。

(二)材料(样品)

(1)杏仁露；　(2)矿泉水；

(3)可口可乐；　(4)纯净水；

(5)绿茶； (6)橘子晶粉；
(7)营养快线； (8)橙汁。

二、任务实施

(一)感官检验前的准备

(1)准备一杯清水、一杯清茶；

(2)将准备好的饮料标签撕掉，保持标签完整，以备检查。

(二)感官检测

1. 外观、标签检测

(1)饮料销售包装容器的质量要求　首先观察准备的8种饮料外观包装，鉴别包装容器的清洁度、瓶盖封口是否良好，做好记录。

(2)饮料标签的检验　观察商标是否规范、是否有杂质等，做好记录。

2. 嗅觉检验

分别取上述7类饮料50 mL，倒入塑料杯中，用标签编号做好记录，然后轻轻摇动杯中各类饮料，立即嗅其气味。记录各类饮料的气味。

3. 味觉检验

温水漱口后，取少许供试样品，以舌尝之，品评其味。记录各类饮料的气味和滋味。

4. 视觉检验

观察各类饮料的色泽和形态，并做记录。

5. 完成记录表格

样品	外观包装	感官指标			
		色泽	香气	滋味	形态
营养快线					
可口可乐					
橙汁					
绿茶					
杏仁露					
矿泉水					
纯净水					
冲溶橘子晶粉					

注意事项：

味觉检测前，温水漱口，注意水温。

三、考核评价

考核项目	评价标准	
外观包装	正确完成外观包装检验	（10分）
	正确完成不合格外观包装描述工作	（10分）
嗅觉检验	正确判断各种饮料的味道	（10分）
	正确描述饮料的嗅觉指标工作	（10分）
	正确理解各种饮料该有的气味	（10分）
味觉检验	味觉检验前正确的漱口	（10分）
	准确掌握各种饮料独有的味觉指标	（10分）
	正确判定各种饮料的味觉时都合格	（10分）
视觉检验	掌握对应口味饮料的应有色泽	（10分）
	正确判定饮料视觉指标是否合格，完成表格	（10分）

四、思考与练习题

1. 什么是软饮料？固体粉末属于饮料范畴吗？
2. 哪些因素影响感官检验？
3. 感官检验应注意哪些问题？

【知识链接】

感官指标检验

软饮料的感官检验，主要依靠人的视觉、嗅觉、味觉、触觉和听觉来鉴别饮料的外观形态、色泽、气味、滋味、硬度（稠度）、透明度或浑浊度、液面高度，鉴别包装容器的清洁度、瓶盖封口是否良好、商标是否规范、是否有杂质等。饮料感官检验归纳起来主要是以下3个方面：

A. 色泽：饮料的色泽应鲜明、均匀，符合该成品应有的色泽。

B. 香气及滋味：各种饮料应具有香气纯正，滋味和顺，符合该成品应有的风味，无异臭、异味。

C. 形态：液体饮料中的果味类应澄清透明，无悬浮、沉淀物；果汁类为半透明状；果肉类细粒均匀悬浮，不分层，无团块状漂浮，无沉淀现象。

根据GB 10790—89要求，饮料包装容器的质量要求如下：

玻璃瓶应洁净、透明，不允许有明显且影响使用的不透明砂粒、气泡及炸裂纹。按 QB 943 执行；

应标明名称、配料表、净容量、厂名、厂址、电话号码、批号、生产日期、保质期、商品标准代号、商标；

应遵照食品标签通用标准 GB 7718—87、食品标签编写规定 GB/T 13432—92、特殊营养食品标签 GB 13432—92 的规定要求。

任务二　肉和肉制品的感官鉴别

【知识目标】

了解并掌握鉴别鲜肉质量的原理。

【能力目标】

1. 按要求能独立完成肉类新鲜度的鉴别；

2. 正确鉴别鲜肉的新鲜度，并划分等级。

一、任务准备

(一)仪器

(1)检肉刀；　(2)手术刀；

(3)镊子；　(4)温度计；

(5)烧杯；　(6)表面皿；

(7)酒精灯；　(8)石棉网；

(9)电炉等。

(二)材料(样品)

(1)猪肉；　(2)牛、羊肉；

(3)禽肉；　(4)鱼肉。

二、任务实施

(一)猪、牛、羊、禽等肉类的感官鉴别

1. 视觉鉴别

将准备好的样品肉做好编号，置于试验台指定位置，在自然光线下，先观察肉的表面以及脂肪的色泽，看表面有无污染附着物，再用刀顺着肌纤维的方向切开，观察切开断面颜色，同时做好记录。

2. 气味鉴别

常温下嗅样品气味，做好记录。

3. 弹性鉴别

用食指按压样品表面，触觉感受其硬度，同时观察指压凹陷的恢复情况，以及肉质表面干湿情况，是否发黏，做好记录。

4. 肉汤检测

称量各类肉样品 20 g，切碎，将切碎的肉样放入烧杯中，加 10 mL 水，然后盖上表面皿，将烧杯置于电炉上(加石棉网)加热至 50～60℃时，取下表面皿，嗅其气味。然后将肉样煮沸，静置观察肉汤的透明度和表面的脂肪滴情况。

5. 鉴别结果

根据肉类感官标准、样品感官质量鉴别与描述，对比判定肉的新鲜度，判定等级，完成表格(肉样较多，表格横向可自行添加)。

项目	1号肉样	2号肉样	3号肉样	4号肉样
色泽				
黏度				
弹性				
气味				
脂肪状况				
肉汤				
级别				

(二)鱼肉的感官鉴别

1. 鲜鱼感官质量鉴别

主要视觉检验，看鱼的表面、眼睛、鱼鳃、腹部以及肉质来判断鱼的新鲜程度。

2. 冻鱼质量鉴别

冻鱼触不到鱼肉的弹性，也嗅不到鱼的气味。如果冷冻前的鲜鱼质量好，冷冻后一般质量也很好，反之亦然。由活鱼冰冻的鱼，具有新鲜鱼的特点，鱼鳍平直而且紧贴鱼体，鳞片上附有冻结的黏液层，天然色泽鲜明而不浑浊。死后冰冻的鱼，眼球不突出，但仍透明。重复冰冻的鱼，其皮、鳞呈暗色。冰冻鱼解冻之后，其新鲜度的鉴别可参考新鲜鱼的检验方法。

注意事项：

1. 肉汤检测时，取表面皿嗅气味时，戴隔热手套等辅助工具，防止烫伤；
2. 用刀粉碎肉时，小心割伤手。

三、考核评价

考核项目	评价标准	
视觉鉴别	正确完成样品肉的视觉检验	(10分)
嗅觉检验	正确判断各种肉样的味道	(10分)
弹性检验	准确判定肉样的弹性指标	(10分)
	正确判定各种肉样的黏度	(10分)
肉汤检验	正确准备肉样，准确安全加热	(10分)
	能够根据肉汤状态判定新鲜程度	(10分)
	正确判定肉样指标是否合格，合理分级完成表格	(40分)

四、思考与练习题

1. 实验中有哪些注意事项？
2. 品种不同的肉类在色泽、气味、触觉等方面有什么区别？
3. 新鲜度不同的同种类肉在色泽、气味、触觉等方面有什么区别？

【知识链接】

1. 肉类感官检验对比表(表1-1)

表1-1　肉类感官检验对比表

感官项目	新鲜肉状态	次鲜肉状态(可疑肉类)	腐败肉状态(变质肉)
色泽	肉切面红色均匀且有光泽	切面颜色较暗，没有光泽，呈较浅的绿色	切面发暗，无任何光泽，呈暗灰色
黏度	外表微干或有风干膜，不粘手	表面湿润发黏或覆有干燥的暗灰色的外膜，新切面湿润	表面干燥有霉菌，粘手，新切面发黏
气味	具有每种畜肉特有的自然香味	稍有酸霉味但深层尚无腐败味	肉的深层能嗅到明显的腐败臭味

续表 1-1

感官项目	新鲜肉状态	次鲜肉状态(可疑肉类)	腐败肉状态(变质肉)
弹性	切断面肉质紧密,富有弹性,指压后的凹陷能立即恢复	切面肉质松软,指压后的凹陷恢复慢,且不能完全恢复	组织完全松软,无弹性,指压后凹陷不能恢复,留有明显的痕迹
脂肪状况	无油腻感,牛脂为白色或淡黄色,坚实并可捻碎;猪脂为白色或玫瑰色,柔软有弹性;羊脂为白色,质地紧密	呈灰色,无光泽,用手按压式时易粘手,有时有发霉现象	表面污脏,并有黏液,有强烈的脂肪酸败味,常发霉,呈浅绿色
肉汤	透明,澄清,具有特殊芳香味,脂肪团聚在液体表面		浑浊,有黄色或白色絮状物,脂肪极少且浮于表面,有臭味

2. 鲜虾质量鉴别

质量优良的虾体型完整,甲壳透明发亮,须足没有损坏,体坚硬,头节与躯体紧紧连接,对虾体表呈青白色,青虾体表呈青绿色,清洁,肉质致密、有韧性、有光彩,切面半透明;呈青白色。内脏完整,肠清楚,呈暗绿色。

劣质虾甲壳黯淡无光,呈红色,体柔软,覆盖着一层黄色的腻物(对虾)。头节与躯体易脱离,肉黏腐败,对虾切面呈暗白色,青虾切面呈淡红色,无光泽,内脏溶解,肠趋于溶解。变质严重时可嗅到氨和硫化氢的气味。

任务三 鲜蛋的感官评定

【知识目标】

了解并掌握鲜蛋的感官评价原理。

【能力目标】

1. 熟练掌握鲜蛋的感官评价方法;

2. 按要求能独立完成鲜蛋的感官品评、分级。

一、任务准备

(一)仪器

(1)大烧杯；　　　　　　　　(2)玻璃棒。

(二)材料

(1)鸡蛋若干；　　　　　　　(2)水；

(3)盐。

二、任务实施

(一)视觉检验

即为看,即用眼睛观察蛋的外观形状、色泽、清洁程度等。

良质鲜蛋——蛋壳清洁、完整、无光泽,壳上有一层白霜,色泽鲜明。

次质鲜蛋——一类次质鲜蛋:蛋壳有裂纹、格窝现象,蛋壳破损、蛋清外溢或壳外有轻度霉斑等;二类次质鲜蛋:蛋壳发暗,壳表破碎且破口较大,蛋清大部分流出。

劣质鲜蛋——蛋壳表面的粉霜脱落,壳色油亮,呈乌灰色或暗黑色,有油样漫出,有较多或较大的霉斑。

(二)触觉检验

即为摸,即用手摸素蛋的表面是否粗糙,掂量蛋的轻重,把蛋放在手掌心上翻转等。

良质鲜蛋——蛋壳粗糙,重量适当。

次质鲜蛋——一类次质鲜蛋:蛋壳有裂纹、格窝或破损,手摸有光滑感;二类次质鲜蛋:蛋壳破碎,蛋白流出。手掂重量轻,蛋拿在手掌上自转时总是一面向下(贴壳蛋)。

劣质鲜蛋——手摸有光滑感,掂量时过轻或过重。

(三)听觉检验

耳听,即把蛋拿在手上细听其声,或是手握蛋摇动,轻轻抖动使蛋与蛋相互碰击听其声音。

良质鲜蛋——蛋与蛋相互碰击声音清脆,手握蛋摇动无声。声音实,碰击砖头声。

次质鲜蛋——蛋与蛋碰击发出哑声、啪啦声(裂纹蛋),手握蛋摇动时内容物有流动感。

劣质鲜蛋——蛋与蛋相互碰击发出嘎嘎声(孵化蛋)、敲瓦碴子声、空空声(水花蛋)。手握蛋摇动时内容物有晃动声。

(四)嗅觉检测

鼻嗅,即用嘴向蛋壳上轻轻哈一口热气,然后用鼻子嗅其气味。

良质鲜蛋——有轻微的生石灰味。

次质鲜蛋——有轻微的生石灰味或轻度霉味。

劣质鲜蛋——有霉味、酸味,臭味等不良气体。

(五)灯光透视

即为照,是指在暗室中用手握住蛋体紧贴在照蛋器的光线洞口上,前后上下左右来回轻轻转动,靠光线的帮助看蛋壳有无裂纹、气室大小、蛋黄移动的影子、内容物及其澄清度,以及蛋壳内表面的霉斑、胚的发育等情况。

良质鲜蛋——气室直径<11 mm,整个蛋呈微红色,蛋黄略见阴影或无阴影,且位于中央,不移动,蛋壳无裂纹。

次质鲜蛋——一类次质鲜蛋:蛋壳有裂纹,蛋黄部呈现鲜红色小血圈;二类次质鲜蛋:透视时可见蛋黄上呈现血环,环中及边缘呈现少许血丝,蛋黄透光度增强而蛋黄周围有阴影,气室>11 mm,蛋壳某一部位呈绿色或黑色,蛋黄部完整,散如云状,蛋壳膜内壁有霉点,蛋内有活动的阴影。

劣质鲜蛋——透视时黄、白混杂不清,呈均匀灰黄色,蛋全部或大部分不透光,呈灰黑色,蛋壳及内部均有黑色或粉红色霉点,蛋壳某一部分呈黑色且占蛋黄面积的 1/2 以上,有圆形黑影(胚胎)。

(六)鲜蛋打开鉴别,观察蛋清、蛋黄的状态、气味,蛋黄形状等

1. 颜色鉴别

良质鲜蛋——蛋黄、蛋清色泽分明,无异常颜色。

次质鲜蛋——一类次质鲜蛋:颜色正常,蛋黄有圆形或网状血红色,蛋清颜色发绿,其他部分正常;二类次质鲜蛋:蛋黄颜色变浅,色泽分布不均匀,有较大的环状或网状血红色,蛋壳内壁有黄中带黑的黏痕或霉点,蛋清与蛋黄混杂。

劣质鲜蛋——蛋内液态流体呈灰黄色、灰绿色或暗黄色,内杂有黑色霉斑。

2. 性状鉴别

良质鲜蛋——蛋黄呈圆形凸起而完整,并带有韧性,蛋清浓厚、稀稠分明,系带粗白而有韧性,并紧贴蛋黄的两端。

次质鲜蛋——一类次质鲜蛋:性状正常或蛋黄呈红色的小血圈或网状直丝;二

类次质鲜蛋:蛋黄扩大,扁平,蛋黄膜增厚发白,蛋黄中呈现大血环,环中或周围可见少许血丝,蛋清变得稀薄,蛋壳内壁有蛋黄的粘连痕迹,蛋清与蛋黄相混杂(蛋无异味),蛋内有小的虫体。

劣质鲜蛋——蛋清和蛋黄全部变得稀薄浑浊,蛋膜和蛋液中都有霉斑或蛋清呈胶冻样霉变,胚胎形成长大。

3.气味鉴别

良质鲜蛋——具有鲜蛋的正常气味,无异味。

次质鲜蛋——具有鲜蛋的正常气味,无异味。

劣质鲜蛋——有臭味、霉变味或其他不良气味。

(七)密度检测

把蛋投入相对密度1.073的食盐水中,观察其浮沉情况;再把鸡蛋移入相对密度1.080的食盐水中,做同样的观察。

鲜蛋:沉下去,且尖头朝下;

臭蛋:浮起来,且尖头朝上。

注意事项:

蛋的取用要小心,防止跌落打碎。

三、考核评价

考核项目	评价标准	
视觉鉴别	正确完成鸡蛋的视觉检验	(10分)
触觉检验	正确完成鲜蛋触觉检测	(10分)
听觉检验	准确判断鸡蛋听觉检测	(10分)
照蛋检验	正确完成日照灯后鸡蛋鉴别	(20分)
密度检测	正确配制要求密度的盐水	(10分)
	根据浮力情况,正确判定鸡蛋新鲜程度	(20分)
分级检测	正确将样品鸡蛋分级	(20分)

四、思考与练习题

1.新鲜蛋的感官标准是什么?

2.什么级别的鸡蛋可以食用?

3.样品感官质量鉴别与描述,对比判定蛋的新鲜度、级别。

【知识链接】

1. 鉴别咸蛋的质量

(1)外观鉴别

良质咸蛋——包料完整无损,剥掉包料后或直接用盐水腌制的可见蛋壳亦完整无损,无裂纹或霉斑,摇动时有轻度水荡漾感觉。

次质咸蛋——外观无显著变化或有轻微裂纹。

劣质咸蛋——隐约可见内容物呈黑色水样,蛋壳破损或有霉斑。

(2)灯光透视鉴别 咸蛋灯光透视鉴别方法同皮蛋。主要观察内容物的颜色、组织状态等。

良质咸蛋——蛋黄凝结、呈橙黄色且靠近蛋壳,蛋清呈白色水样透明。

劣质咸蛋——生蛋打开或蛋清浑浊,蛋黄已大部分融化,蛋清、蛋黄全部呈黑色,有恶臭味,煮熟后打开,蛋清灰暗或黄色,蛋黄变黑或散成糊状,严重者全部呈黑色,有臭味。

2. 鉴别糟蛋的质量

糟蛋是将鸭蛋放入优良糯米酒糟中,经 2 个月浸渍而制成的食品。其感官鉴别主要是观察蛋壳脱落情况,蛋清、蛋黄颜色和凝固状态以及嗅、尝其气味和滋味。

良质糟蛋——蛋壳完全脱落或部分脱落,薄膜完整,蛋大而丰满,蛋清呈乳白色的胶冻状,蛋黄呈橘红色半凝固状,香味浓厚,稍带甜味。

次质糟蛋——蛋壳不能完全脱落,蛋内容物凝固不良,蛋清为液体状态,香味不浓或有轻微异味。

劣质糟蛋——薄膜有裂缝或破损,膜外表有霉斑,蛋清呈灰色,蛋黄颜色发暗,蛋内容物呈稀薄流体状态或糊状,有酸臭味或霉变气味。

3. 鉴别蛋粉的质量

(1)色泽鉴别

良质蛋粉——色泽均匀,呈黄色或淡黄色。

次质蛋粉——色泽无改变或稍有加深。

劣质蛋粉——色泽不均匀,呈淡黄色到黄棕色不等。

(2)组织状态鉴别

良质蛋粉——呈粉末状或极易散开的块状,无杂质。

次质蛋粉——蛋粉稍有焦粒、熟粒或有少量结块。

劣质蛋粉——蛋粉板结成硬块,霉变或生虫。

(3)气味鉴别

良质蛋粉——具有蛋粉的正常气味,无异味。

次质蛋粉——稍有异味，无臭味和霉味。

劣质蛋粉——有异味、霉味等不良气味。

4.鉴别蛋白干的质量

蛋白干是用鲜蛋洗净消毒后打蛋，所得蛋白液过滤，发酵，如氨水中和、烘干、漂白等工序制成的晶状食品。蛋白干的感官鉴别主要是观察其色泽、组织状态和嗅其气味。

(1)色泽鉴别

良质蛋白干——色泽均匀，呈淡黄色。

次质蛋白干——色泽暗淡。

劣质蛋白干——色泽不匀，显得灰暗。

(2)组织状态鉴别

良质蛋白干——呈透明的晶片状，稍有碎屑，无杂质。

次质蛋白干——碎屑比例超过20%。

劣质蛋白干——呈不透明的片状、块状或碎屑状，有霉斑或霉变现象。

(3)气味鉴别

良质蛋白干——具有纯正的鸡蛋清味，无异味。

次质蛋白干——稍有异味，但无臭味、霉味。

劣质蛋白干——有霉变味或腐臭味。

5.鉴别冰蛋的质量

冰蛋系蛋液经过滤、灭菌、装盘、速冻等工序制成的冷冻块状食品(冰蛋有冰全蛋、冰蛋白、冰蛋黄等)。冰蛋的感官鉴别主要是观察其冻结度和色泽，并在加温溶化后嗅其气味。

(1)冻结度及外观鉴别

良质冰蛋——冰蛋块坚结，呈均匀的淡黄色，中心温度低于−15℃，无异物、杂质。

次质冰蛋——颜色正常，有少量杂质。

劣质冰蛋——有霉变或部分霉变，生虫或有严重污染。

(2)气味鉴别

良质冰蛋——具有鸡蛋的纯正气味，无异味。

次质冰蛋——有轻度的异味，但无臭味。

劣质冰蛋——有浓重的异味或臭味。

6.蛋及蛋制品的感官鉴别与食用原则

由于蛋类的营养价值高，适宜微生物的生长繁殖，尤其是常带有沙门氏菌等肠道致病菌，因此，对于蛋及蛋制品的质量要求较高。该类食品一经感官鉴别评定品级之后，即可按如下原则进行食用或处理：

(1)良质的蛋及蛋制品可以不受限制，直接销售，供人食用。

(2)一类次质鲜蛋准许销售，但应根据季节变化限期售完；二类次质鲜蛋以及次质蛋制品不得直接销售，可做食品加工原料或充分蒸煮后食用。

(3)劣质蛋及蛋制品均不得供食用，应予以废弃或作非食品工业原料、肥料等。

任务四　牛乳新鲜度的检验

【知识目标】

了解并掌握牛乳感官鉴定、评定方法。

【能力目标】

1.按要求能独立进行牛乳新鲜度的检测；

2.能够正确做出牛乳感官鉴定、新鲜度鉴定。

一、任务准备

(一)仪器

(1)水浴箱；　(2)20 mL 吸管；

(3)2 mL 吸管；　(4)试管；

(5)移液管；　(6)烧杯；

(7)标签。

(二)材料

1. 试剂

(1)68%(体积分数)的酒精；　(2)70%(体积分数)的酒精；

(3)72%(体积分数)的酒精。

2.样品

牛乳。

二、任务实施

(一)样品准备

1. 取样

取样前应将牛乳混合均匀,取样量每次至少 250 mL。牛乳样品应贮存于 2～6℃环境中,以防变质。

2. 检验样品的准备

样品应置于 15～20℃水中保温 10～15 min,然后充分摇匀。冰冻乳应预先加温融化,升温到 20℃后充分摇匀后取样。

(二)牛乳的感官检测

正常乳应为乳白色或略带黄色,具有特殊的乳香味,稍有甜味,组织状态均匀一致,无凝块和沉淀,不黏滑。评定方法如下:

(1)色泽检定。将少量乳倒于白瓷皿中观察其颜色,观察是否带有红色、绿色或明显的黄色。

(2)气味检定。将牛乳加热后,闻其气味,看是否有异常气味,如牛粪味、腥味、煮熟乳气味。

(3)滋味检定。取少量牛乳用口尝之,看是否有酸味等。

(4)组织状态检定。将牛乳倒于小烧杯内静置 1 h 左右后,再小心将其倒入另一烧杯内,仔细观察第一个小烧杯内底部有无沉淀和絮状物。再取 1 滴牛乳于大拇指上,检查是否黏滑。

注:最简单的新鲜度检验方法:只要将牛乳滴在清水中,若不化开则为新鲜乳,否则,就不是新鲜乳。若盛乳的瓶上部有稀薄现象,或者瓶底有沉淀,则都不是新鲜牛乳。

(三)煮沸实验

(1)吸收牛乳 10 mL,移放入试管中,置于沸水浴中 5 min,取出观察管壁有无絮片出现或发生凝固现象。

(2)判定标准。如果产生絮片或发生凝固,则表示不新鲜,酸度大于 26 °T。

(四)酒精试验

取试管 3 支,编号(1、2、3 号),分别加入同一乳样 2 mL,1 号试管加入 2 mL 的 68%酒精;2 号管加入等量的 70%酒精;3 号管加入等量的 72%酒精。摇匀,然后观察有无絮片出现,确定乳的酸度。振动后不出现絮片的就符合酸性标准。如果牛乳出现絮片,即酒精试验为阳性,表示酸度较高,如下:

•酒精浓度	不出现絮片的酸度
•68%	20 °T 以下
•70%	19 °T 以下
•72%	18 °T 以下

注:试验温度以 20℃为标准。

注意事项:

(1)牛乳多半低温保存,测样前要在水浴锅中预热;

(2)酒精试验,注意酒精配制浓度的准确性。

三、考核评价

考核项目	评价标准	
样品准备	正确完成牛乳取样工作	(10 分)
	正确完成样品加温工作	(10 分)
感官检验	正确完成牛乳视觉检测	(10 分)
	正确完成牛乳嗅觉检测	(10 分)
	正确完成牛乳味觉检测	(10 分)
	正确完成牛乳触觉检测	(10 分)
煮沸实验	准确判断鸡蛋听觉检测	(20 分)
酒精检测	正确完成日照灯后鸡蛋鉴别	(20 分)

四、思考与练习题

1. 新鲜牛乳在感官上有何特征?
2. 腐败牛乳的酸味是怎样形成的?
3. 新鲜牛乳如果含有抗生素有什么影响? 怎么鉴别?

【知识链接】

饮用新鲜生牛乳的好处:

(1)富含免疫球蛋白,能高效抵抗病毒、细菌、真菌及其他过敏原,形成抗体,中和毒素,增强体质,提高免疫力,降低患病概率。

(2)牛乳富含乳铁蛋白,能有效抗氧化,消灭或抑制细菌,促进脑细胞的生长,提高记忆力,提高智商。

(3)牛乳富含生长因子及蛋白质,可促进身体内部神经系统、消化系统、纤维细胞、皮肤系统等的生长发育，帮助修复组织细胞，促进伤口愈合，加快术后康复。

(4)补充生长发育必需的钙质，促进骨骼、牙齿的生长发育。

任务五　罐头食品的感官检验

【知识目标】

熟练掌握罐头食品的感官检验方法。

【能力目标】

1. 按要求能独立完成罐头食品的感官检验；

2. 正确完成罐头食品的感官检验并做出描述性评定。

一、任务准备

(一)仪器

(1)开罐刀；　　(2)不锈钢圆筛(丝的直径 1 mm，筛孔 2.8 mm×2.8 mm)；

(3)瓷盘；　　(4)刀叉餐具。

(二)材料(样品)

各类罐头食品。

二、任务实施

(一)外观和外包装检验

1. 密封结构检查

检查容器的密封完整性，有无泄漏及胖听现象。容器外表有无锈蚀，开罐后的空罐内壁涂料有无脱落及腐蚀等。

2. 罐头底盖状态检查

正常的罐头，罐内有一定的真空度，罐底、盖应向内凹下，如果罐底、盖向外凸起，用手指按压仍不能缩回说明罐内缺乏真空，或内容物产生异变，再做开罐检查。

3. 罐身外表形态检查

观察商标纸及罐盖硬印代号是否符合规定，应无油标现象。

(二)组织、形态与色泽检验

1. 肉、禽、水产类罐头

先经加热使汤汁融化(有些罐头如午餐肉、凤尾鱼等,不经加热),然后将内容物倒入白瓷盘中,观察其组织、形态和色泽是否符合标准。将汤汁注入量筒中,静置 3 min 后,观察色泽和澄清程度。

2. 糖水水果类及蔬菜类罐头

在室温下将罐头打开,先滤去汤汁,然后将内容物倒入白瓷盘中观察组织、形态和色泽是否符合标准。将汁液倒在烧杯中,观察是否清亮透明,有无夹杂物及引起浑浊的果肉碎屑。

3. 果酱类罐头

在室温(15～20℃)下开罐后,用匙取果酱(20 g)置于干燥的白瓷盘上,在 1 min 内观察酱体有无流散和汁液分泌现象,并察看色泽是否符合标准。

4. 果汁类罐头

在玻璃容器中静置 30 min 后,观察其沉淀过程,有无层和油圈现象,浓淡是否适中。

5. 糖浆类罐头

开罐后,浆内容物平倾于不锈钢圆筛中,静置 3 min,观察组织、形态及色泽是否符合标准。另将罐头全部倒入白瓷盘中观察是否浑浊,有无胶冻、大量果屑及夹杂物存在。

注意事项:

用开罐刀开罐时,小心划伤手臂。

三、考核评价

考核项目	评价标准	
外观检查	正确完成罐头食品密封检查工作	(20 分)
	正确完成罐头底盖检查工作	(10 分)
	正确完成罐头外表形态检查工作	(10 分)
组织形态检验	正确完成肉、禽、水产类罐头视觉检测	(10 分)
	正确完成糖水水果类及蔬菜类罐头检测	(10 分)
	正确完成果酱类罐头检测	(10 分)
	正确完成果汁类罐头检测	(10 分)
色泽检验	准确完成罐头视觉检测	(20 分)

四、思考与练习题

1. 食品感官检测有哪几种方法?
2. 进行感官检测时,对周围环境有哪些要求?
3. 如何评价罐头质量的优劣?

【知识链接】

(1)牙齿:又名“边唇”,指盖钩与身钩局部未叠接,在卷边下缘所形成的V形突出。

(2)快口:指卷边顶部内侧边缘上被轧成锐利的锋口,用手指从卷边内侧向上摸有刀锋割手之感。“快口”一般在接缝卷边处,有时可能完全破裂而发生漏气。

(3)卡腰:卷边下端罐身部位在滚轮挤压过程中因受力不当,或筒身翻边后的直径与罐盖内径不相吻合,致使卷边完毕出现在二重卷边底部罐身筒上有一圈压痕,使该处罐身直径局部缩小。产生这种“缩颈”现象叫“卡腰”。

(4)起皱:指卷边的侧面和下缘不平服而呈波纹形,使卷边的下缘与罐身壁的贴紧状态不良。

(5)折裂:又称卷边断裂。通常只发生在罐身叠接处的卷边外层断裂现象。

(6)流胶:密封胶已落入内容物或已流下并离开罐边,密封胶离开罐边不明显,但面积较宽。

任务六 粮油及其制品中矿物油的测定

【知识目标】

了解矿物油理化性质以及矿物油对人体的危害。

【能力目标】

了解并掌握测定矿物油的方法和技术。

一、任务准备

(一)仪器

(1)锥形瓶(125 mL、磨口);
(2)冷凝管;
(3)吸管(1 mL);
(4)恒温水浴锅;
(5)天平(感量:0.001 g);
(6)滤纸;

(7)荧光灯。

(二)材料

1. 试剂

(1)氢氧化钾溶液(60%)；　　(2)无水乙醇。

2. 样品

各种粮油及其制品。

二、任务实施

(一)食品中脂肪的提取

根据样品中脂肪的含量,称取能提取 5～8 g 脂肪的样品到锥形瓶中,加入乙醚(99.7%)或石油醚(99.7%)作溶剂浸泡样品 24 h(乙醚或石油醚的加入量应盖过样品)。用定性滤纸滤去样渣,于水浴中挥发去除溶剂,获得待测油脂。

(二)皂化法测定

取油样 1 mL 置于锥形瓶(125 mL)中,加入 1 mL 氢氧化钾溶液(600 g/L)和 25 mL 无水乙醇。瓶口接 1 根长玻璃管作为空气冷凝管,于水浴上回流皂化 5 min,皂化时应振荡摇晃使加热均匀。皂化后取下锥形瓶,加 25 mL 沸水,摇匀。溶液如呈浑浊状或有油状物析出,即表示掺(混)有不皂化的矿物油。

注:本法可检验出含量在 5 g/L 以上的矿物油。如为挥发性矿物油,在皂化时即可嗅出气味。

(三)荧光反应法测定

取油样和已知的矿物油各 1 滴,分别滴在滤纸上,然后放在荧光灯下照射,如有天蓝色荧光出现,说明油样中含有矿物油。

三、考核评价

考核项目	评价标准	
脂肪的提取	正确提取样品中的脂肪	(40 分)
皂化法测定	皂化操作正确、皂化充分	(30 分)
	准确判断是否存在矿物油	(10 分)
荧光反应法测定	荧光反应操作正确	(10 分)
	准确判断是否存在矿物油	(10 分)

四、思考与练习题

1. 什么是矿物油？矿物油对人体有什么危害？

2. 皂化法和荧光法测定矿物油存在与否的原理是什么？

3. 怎样感官鉴别大米中是否含有矿物油？

【知识链接】

(1)矿物油系石油烃类产品，如柴油、润滑油、石蜡等。矿物油中加入的一些添加剂，如阻燃剂磷酸三甲苯酯类化合物，对人体具有相当大的毒性，严重的可引起神经性麻痹。若矿物油掺入食用油脂和大米中，将严重危害公众健康。

(2)由于食用油脂的主要成分是三高级脂肪酸的甘油酯(又叫三酰甘油)，加热时能被过量的氢氧化钾完全皂化，生成甘油和钾肥皂，两者均溶于水，呈透明溶液；而矿物油之类不被皂化，又不溶于水，所以溶液浑浊或液面有油状物，通过皂化法可判断粮油及其制品中是否含有矿物油。

(3)大多数矿物油在紫外光下具有荧光。粮油及其制品试样中的脂类物质用石油醚提取，挥去石油醚，将所得的脂类物质点在滤纸上，在紫外光下观察其发光情况来判定试样中是否含有矿物油。

(4)矿物油的感官鉴别:针对大米，通常采用“一看二搓三闻四泡”的方法，可以初步辨别大米是否掺油(矿物油)。掺油大米看上去较透明白净，“卖相”很好，少数往往有龟裂纹；抓一把在手中，搓一下后，感觉手较滑；闻一下，无气味或有近似凡士林、色拉油等油味；拿一个洁净玻璃杯，装约半杯大米后，加入无油开水至大半杯，用一洁净的玻棒搅拌。静置片刻，拿起杯子对着亮光，使液面呈光亮反射，液面上有油状微小油滴。而普通大米表面较粗糙，搓后无滑感，会留下白色的米末；闻起来有淡淡的自然米香，泡后水面无油光。掺矿物油瓜子往往表面特别光亮。掺矿物油的饼干在外观上不易鉴别。

实训项目二　物理检验技术

【知识目标】

1. 了解并掌握比重计、比重瓶的工作原理及方法；

2. 了解并掌握折光计的工作原理及测量方法；

3. 了解并掌握旋光仪的工作原理及方法。

【能力目标】

1. 熟练正确使用比重计、比重瓶测相对密度；

2. 熟练正确使用手提式折光计测固形物含量；

3. 熟练正确使用旋光仪测淀粉含量。

任务一　比重计、比重瓶测相对密度

【知识目标】

了解并掌握比重计、比重瓶的工作原理。

【能力目标】

1. 熟练正确使用比重计、比重瓶；

2. 使用比重计、比重瓶测相对密度。

一、任务准备

（一）仪器

(1)糖锤度计；

(2)酒精计；

(3)乳稠计；

(4)全玻璃蒸馏器：500 mL；

(5)高精度恒温水浴。

(二)材料(样品)

(1)蔗糖溶液；
(2)酒精溶液；
(3)牛奶；
(4)啤酒。

二、任务实施

(一)糖锤度计测蔗糖溶液的浓度

取一 250 mL 量筒，先以少量试样冲洗量筒内壁，洗毕弃去。然后盛满样液，静置，待样液内部空气逸出，泡沫浮上液面后，将泡沫除去。把锤度计拭干，用样液冲洗，然后徐徐插入桶中，当温度计正确表示样品温度时，以水平视线按样液的真正页面高度读数，记下观测锤度，并记录当时的温度读数。查表校正成 20℃时的数值。

(二)酒精计测酒精溶液的浓度

将试样注入洁净、干燥的量筒中，在室温下静置几分钟，放入洗净、擦干的酒精计，平衡 5 min，水平观测酒精计，读数，同时记录温度。查表校正成 20℃时的数值。

(三)乳稠计测牛乳相对密度

取一 250 mL 量筒，将牛乳缓慢注入，勿发生泡沫，然后徐徐插入乳稠计到量筒内的牛乳中心，使乳稠计慢慢下沉，注意不可使比重计的重锤与量筒壁相撞，静置 1～3 min 后读数，同时，并记录当时的温度读数。校正成 20℃时的数值。

(四)比重瓶测啤酒密度

(1)啤酒在冰箱中冷至 10～15℃，启盖后经快速滤纸过滤至三角烧瓶中，稍加振摇，静置，以充分除去酒中的二氧化碳。室温不超过 25℃。除去后的啤酒，用表面皿盖住，其温度应保持在 15～20℃备用。

(2)测定。

①比重瓶质量的测定：将比重瓶洗净、干燥、称量，反复操作，直至恒重。

②比重瓶和蒸馏水质量的测定：将煮沸冷却至 15℃的蒸馏水注满恒重的比重瓶，插上带温度计的瓶塞，立即浸于(20±0.1)℃的高精度恒温水浴中，待内容物温度达 20℃，并保持 20 min 不变后取出。用滤纸吸取溢出支管的水，立即盖好小帽，擦干后，称量。

③比重瓶和样品质量的测定：将水倒去，用样品反复冲洗比重瓶 3 次，然后装

满制备的样品，按②同样操作。

注意事项：

(1)韦氏比重秤应安装在固定平放的操作台上，避免受热、冷、气流及震动影响；

(2)玻璃圆筒应洁净，在装水及供试液时的高度应一致，使玻璃锤沉入液面深度前后一致；

(3)玻璃锤应全部浸入液体内。

三、考核评价

考核项目	评价标准	
糖锤度计测蔗糖溶液的浓度	正确使用糖锤度计	(20 分)
酒精计测酒精溶液的浓度	正确使用酒精计	(20 分)
乳稠计测牛乳相对密度	正确使用乳稠计	(20 分)
比重瓶测啤酒密度	正确使用比重瓶	(20 分)
结果计算	正确运用公式计算	(20 分)

四、思考与练习题

为什么要记录温度?

【知识链接】

1. 韦氏比重秤测定原理

根据阿基米德定律，一定体积的物体(如比重秤的玻璃锤)，在不同液体中所受的浮力与该液体的相对密度成正比 。

2. 韦氏比重秤使用

(1)仪器的调整。将 20℃时相对密度为 1 的韦氏比重秤，安放在操作台上，放松调节器螺丝，将托架升至适当高度后拧紧螺丝，横梁置于托架玛瑙刀座上，将等重游码挂在横梁右端的小钩上，水平调整螺丝，使指针与支架左上方另一指针对准即为平衡，将等重游码取下，换上玻璃锤，此时必须保持平衡(允许有±0.005 g 的误差)，否则应予校正。

(2)用水校准。取洁净的玻璃圆筒将新沸过的冷水装至八分满，置 20℃(或各品种项下规定的温度)的水浴中，搅动玻璃圆筒内的水，调节温度至 20℃ (或各品种项下规定的温度)，将悬于秤端的玻璃锤浸入圆筒内的水中，秤臂右端悬挂游码于 1.000 处，调节秤臂左端平衡用螺丝使平衡。

(3)供试品的测定。将玻璃圆筒内的水倾去，拭干，装入供试液至相同的高度，并用上述相同的方法调节温度后，再把拭干的玻璃锤沉入供试液中，调节秤臂上游码的数量与位置使平衡，读取数值至小数点后 4 位，即为供试品的相对密度。如使用 4℃时相对密度为 1 的比重秤测定 20℃ 时供试品的相对密度，则用水校准时的游码应悬挂于 0.998 2 处，并应将供试品在 20℃ 测得的数值除以 0.998 2 。如测定温度为其他温度时，则用水校准时的游码应悬挂于该温度水的相对密度处，并应将在该温度测得的数值除以该温度水的相对密度。

注意事项：

(1)韦氏比重秤应安装在固定平放的操作台上，避免受热、冷、气流及震动影响；

(2)玻璃圆筒应洁净，在装水及供试液时的高度应一致，使玻璃锤沉入液面深度前后一致；

(3)玻璃锤应全部浸入液体内。

任务二　饮料固形物含量的测定

【知识目标】

了解手提式折光计的工作原理。

【能力目标】

1. 熟练正确使用手提式折光计；

2. 熟练掌握饮料固形物的测定方法。

一、任务准备

(一)仪器

(1)手提式折光计；　　(2)烧杯；

(3)滴管。

(二)材料

(1)饮料；　　(2)蒸馏水；

(3)卷纸。

二、任务实施

打开手持式折光计盖板，用干净的卷纸小心擦干棱镜玻璃面。在棱镜玻璃面上滴 2 滴蒸馏水，盖上盖板。于水平状态，从接眼部处观察，检查视野中明暗交界线是否处在刻度的零线上。如果与零线不重合，旋动刻度调节螺旋，使分界线面刚好落在零线上。

打开盖板，用卷纸将水擦干，然后如上法在棱镜玻璃面上滴 2 滴饮料汁，进行观测，读取视野中明暗交界线上的刻度，即为饮料汁中可溶性固形物含量(%)，重复测试 3 次(图 2-1)。

1.打开保护盖

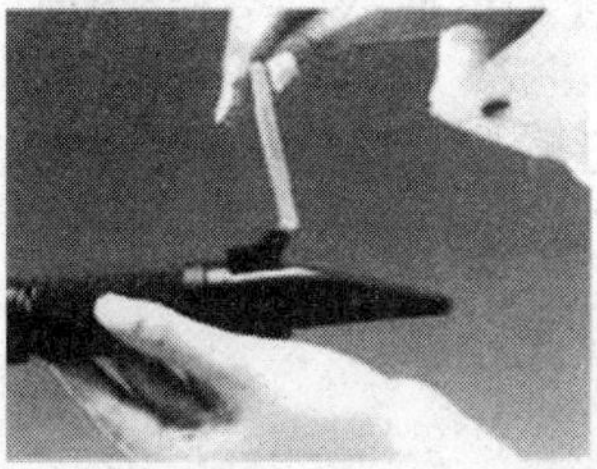

2.在菱镜上滴1~2滴样品液

3.盖上保护盖，水平对着光源，透过接目镜，读数

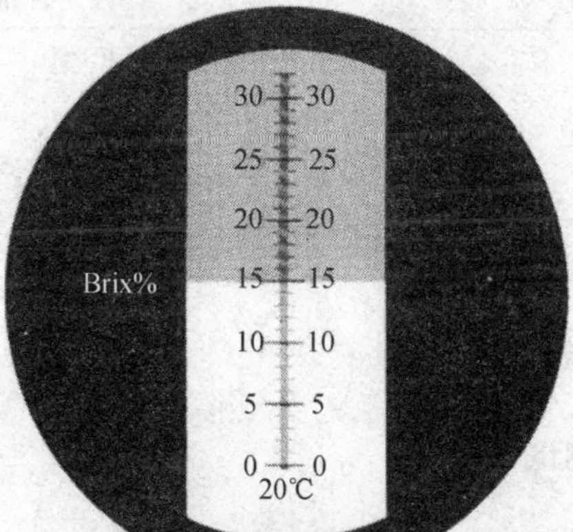

图 2-1 折光计的使用

结果与计算：

汁液种类	总可溶性固形物含量/%			平均/%
	读数 1	读数 2	读数 3	

注意事项：

(1)在使用中必须细心谨慎严格按说明使用，不得任意松动仪器各连接部分，不得跌落、碰撞，严禁发生剧烈震动；

(2)使用完毕后，严禁直接放入水中清洗，应用干净软布擦拭，对于光学表面，不应碰伤，划伤；

(3)仪器应放于干燥、无腐蚀气体的地方保管；

(4)避免零备件丢失。

三、考核评价

考核项目	评价标准	
折光计的检查	观察镜片，准备试纸	(10 分)
折光计的润洗	蒸馏水	(30 分)
折光计的使用	水平	(30 分)
结果计算	正确运用公式计算	(30 分)

四、思考与练习题

为什么重复 3 次测试？

【知识链接】

利用手持式折光仪测定饮料中的总可溶性固形物含量，可大致表示饮料的含糖量。

光线从一种介质进入另一种介质时会产生折射现象(图 2-2)，且入射角正弦之比恒为定值，此比值称为折光率。饮料汁液中可溶性固形物含量与折光率在一定条件下(同一温度、压力)成正比，故测定饮料汁液的折光率，可求出饮料汁液的浓度(含糖量的多少)。由于饮料汁液中除糖以外,有机酸含量也很可观,并且含有果胶、单宁、无机盐等可溶性物质,故用手持糖度计测定的实为可溶性固形物的含量。通过测定饮料可溶性固形物含量(含糖量),可了解饮料的品质。

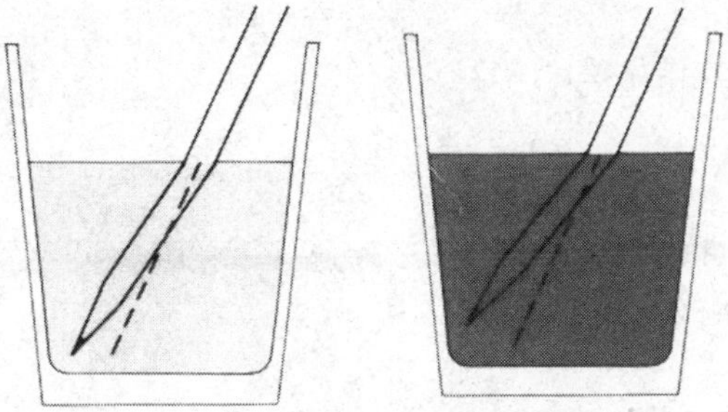

图 2-2 折射现象

常用仪器是手持式折光仪,也称糖镜、手持式糖度计,该仪器的构造如图 2-3 所示。

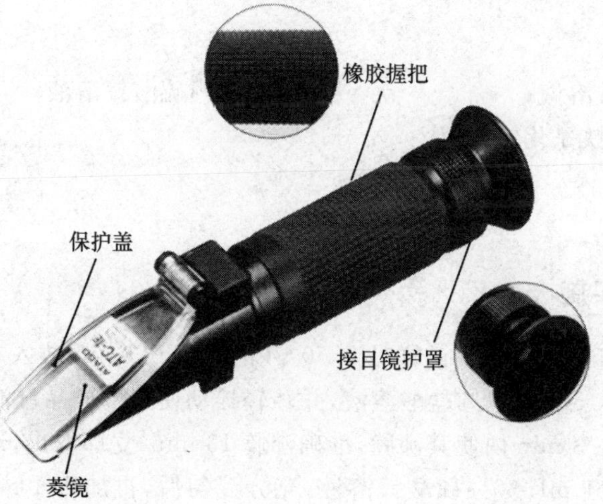

图 2-3 手持式折光仪

任务三 淀粉含量的测定

【知识目标】

了解旋光仪的工作原理。

【能力目标】

1. 熟练正确使用旋光仪；

2. 淀粉含量的测定。

一、任务准备

（一）仪器

(1)旋光仪；

(2)水浴锅；

(3)容量瓶(100 mL)；

(4)锥形瓶(100 mL)；

(5)分析天平(感重 0.01 g)；

(6)烧杯。

（二）材料

1. 试剂

(1)1%盐酸溶液；

(2)30%硫酸锌溶液；

(3)15%亚铁氰化钾溶液。

2. 样品

面粉、米粉。

二、任务实施

(1)称取粉碎过 40 目筛的样品 2.50 g(精确至 0.01 g)放入 200 mL 烧杯中，沿器壁缓慢加入 50 mL 1%盐酸溶液，并轻轻摇动使全部样品湿润，然后将烧杯放入沸水浴中。在 3 min 内使其沸腾，准确沸腾 15 min，立即取出，迅速冷却至室温。

(2)先加入 1 mL 30%硫酸锌溶液，充分混匀后，再加入 1 mL 亚铁氰化钾溶液，摇匀，并全部转移至 100 mL 容量瓶中，用少量蒸馏水将锥形瓶冲洗几次。若泡沫过多，加几滴无水乙醇消泡，用蒸馏水定容至刻度。混匀后过滤，弃取初始滤液 15 mL，收集其余滤液充分混匀后进行旋光测定。

(3)实验结果

$$淀粉含量=\frac{\alpha\times 100}{[\alpha]_D^{20}\cdot L\cdot m}\times 100\%$$

式中:α—测得的旋光度;

$[\alpha]_D^{20}$—淀粉的比旋光度;

L—旋光管长度,dm;

m—样品质量,g。

不同粮食淀粉的比旋光度见表 2-1。

表 2-1 不同粮食淀粉的比旋光度

品 种	$[\alpha]_D^{20}$	品 种	$[\alpha]_D^{20}$
小麦	182.7	马铃薯	195.4
黑麦	184.0	小米	171.4
大麦	181.5	荞麦	179.5
水稻	185.9	燕麦	181.3
玉米	184.6		

注意事项:

(1)如样品含糖量高时需适当加大稀释倍数;

(2)掌握滴定终点标准时,需用白色做背景,便于观察溶液从蓝色转变为无色,且必须在沸腾时观察,否则易氧化成蓝色不易判别终点;

(3)总糖的测定亦可用此法,但需用 HCl 将多糖水解,转化成还原糖并适当稀释后测定;

(4)样品中含有可溶性糖时,先用乙醇溶解除去可溶性糖再测淀粉含量;

(5)实验中,沸水浴要准备足量的水,用定时钟准确计时;

(6)提前打开旋光仪,使其进入稳定工作状态。

三、考核评价

考核项目	评价标准	
了解旋光仪的工作原理	准确回答原理	(10 分)
称量	准确称量	(30 分)
混匀	试剂混匀	(30 分)
结果计算	正确运用公式计算	(30 分)

四、思考与练习题

1. 样品加盐酸处理时，煮沸时间少于或多于 15 min 会对测定结果产生什么影响？

2. 为什么过滤时要弃取初始滤液 15 mL？

【知识链接】

(1)本实验采用旋光法测定淀粉含量，本法适用于不同来源的淀粉。

①优点：重现性好、操作简便、快速，由于淀粉的比旋光度大，直链淀粉和支链淀粉的比旋光度又很接近，因此本法对于可溶性糖类含量不高的谷物样品具有较高的准确度；

②缺点：蛋白质含量较高的样品，还有一些未知或性质不清楚的样品及淀粉已经受热或变性的样品，如高蛋白营养米粉，用旋光法测定时误差较大。

(2)淀粉含量测定的其他方法有：

①物理法：相对密度法、折光法、旋光法；

②化学法：还原糖法、碘量法(简便快速、灵敏、准确度高)、比色法。

食品中还原糖、蔗糖、淀粉和果胶物质等的测定多采用化学分析法，但所测得的多是糖类物质的总量，不能确定糖的组分及每种糖含量。色谱法、电泳法：可对各种糖分进行分离和定量。酶法：灵敏度高、干扰少。可测定葡萄糖、蔗糖和淀粉等。

任务四　葡萄酒中干浸出物的测定

【知识目标】

了解葡萄酒(果酒)总浸出物、干浸出物含义。

【能力目标】

了解并掌握测定葡萄酒(果酒)干浸出物的原理、方法和技术。

一、任务准备

(一)仪器

(1)全玻璃蒸馏器(500 mL)；

(2)瓷蒸发皿(200 mL)；

(3)高精度恒温水浴(20℃时精度为±0.1℃);

(4)附温度计密度瓶(25 mL);

(5)分析天平(感量为 0.1 mg);

(6)容量瓶(100 mL)。

(二)样品

葡萄酒。

二、任务实施

(一)试样制备(酒样残液的制备)

1. 方法一(加热蒸发)

用 100 mL 容量瓶量取 100 mL 20℃样品,倒入 200 mL 瓷蒸发皿中,于水浴上蒸发至约为原体积的 1/3 取下,冷却后,将残液小心地移入原容量瓶中,用水多次荡洗蒸发皿,洗液并入容量瓶中,于 20℃定容至刻度。

2. 方法二(蒸馏法)

用一洁净、干燥的 100 mL 容量瓶准确量取 100 mL 酒样(液温 20℃)于 500 mL 蒸馏瓶中,用 50 mL 水分 3 次冲洗容量瓶,洗液并入蒸馏瓶中,再加数粒玻璃珠,连接冷凝器,开启冷却水,缓慢加热蒸馏。将蒸出酒精后的残液小心地移入原容量瓶中,用水多次荡洗蒸馏瓶,洗液并入容量瓶中,在 20℃时以水定容至 100 mL。

(二)质量测定

1. 密度瓶质量的测定

将密度瓶洗净、干燥、称重,反复操作,直至恒重,记录密度瓶质量 (m)。

2. 蒸馏水质量的测定

将煮沸并冷却至 15℃左右的蒸馏水注满已恒重的密度瓶,插上带温度计的瓶塞(瓶中应无气泡),立即浸于(20±0.1)℃的高精度恒温水浴中,待内容物温度达到 20℃,并保持 15~20 min 不变后,用滤纸吸去溢出支管的水,立即盖好小帽,取出密度瓶,迅速擦干后称重,记录密度瓶和水的质量 (m_1)。

3. 酒样残液或样品的测定

(1)酒样残液的测定。用酒样残液冲洗密度瓶 2~3 次,然后装满此样品,按上述 2 同样操作,记录密度瓶和酒样残液的质量(m_2)。

(2)样品的测定。直接取未经处理的酒样冲洗密度瓶 2~3 次,然后装满此样品,按上述 2 同样操作,记录密度瓶和酒样的质量(m_3)。

（三）结果计算

1. 以酒样残液测定总浸出物

$$\rho_1=\rho_0\times 1.00180(m_2-m+A)/(m_1-m+A)$$

$$A=\rho_a\times(m_1-m)/997.0$$

式中：ρ_1—脱醇样品20℃时的密度，g/L；

m—密度瓶的质量，g；

m_1—20℃时密度瓶与充满密度瓶蒸馏水的总质量，g；

m_2—20℃时密度瓶与充满密度瓶酒样残液的总质量，g；

ρ_0—20℃时蒸馏水的密度，998.20 g/L；

A—空气浮力校正值；

ρ_a—干燥空气在20℃、101.325 kPa时的密度值，约为1.2 g/L（该值随气压条件略有变化，但这种变化一般对密度测定没有影响）；

997.0—在20℃时蒸馏水与干燥空气密度值之差，g/L；

1.001 80—20℃时密度瓶体积的修正系数。

以脱醇样品20℃时的密度 ρ_1，查密度—总浸出物含量对照表，即可得出试样中总浸出物含量 J_Z。

2. 以样品测定总浸出物

$$\rho_B=\rho_0\times(m_3-m+A)/(m_1-m+A)$$

$$A=\rho_a\times(m_1-m)/997.0$$

$$\rho_2=1.00180\times(\rho_B-\rho)+1000$$

式中：ρ_2—脱醇样品20℃时的密度，g/L；

ρ_B—含醇样品20℃时的密度，g/L；

ρ—与含醇样品含有同样酒精度的酒精水溶液在20℃时的密度（该值可用密度瓶法测定样品的酒精度时测出的酒精密度带入），g/L；

ρ_0—20℃时蒸馏水的密度，998.20 g/L；

ρ_a—干燥空气在20℃、101.325 kPa时的密度值，约为1.2 g/L（该值随气压条件略有变化，但这种变化一般对密度测定没有影响）；

m—密度瓶的质量，g；

m_1—20℃时密度瓶与充满密度瓶蒸馏水的总质量，g；

m_3—20℃时密度瓶与充满密度瓶样品的总质量，g；

A—空气浮力校正值；

997.0—在20℃时蒸馏水与干燥空气密度值之差,g/L;

1.001 80—20℃时密度瓶体积的修正系数。

以脱醇样品20℃时的密度 ρ_2,查密度—总浸出物含量对照表,即可得出试样中总浸出物的含量 J_Z。

3. 干浸出物的计算

$$X=J_Z-T_Z$$

式中:X—样品中干浸出物的含量,g/L;

J_Z—查表得到的样品中总浸出物的含量,g/L;

T_Z—样品中总糖的含量,g/L;

精密度:同一样品的两次测定值之差,不得超过0.5 g/L。

三、考核评价

考核项目	评价标准	
试样制备	正确进行加热蒸发法试样制备	(15分)
	正确进行蒸馏法试样制备	(15分)
酒样残液或样品的测定	正确进行密度瓶质量的测定	(10分)
	正确进行蒸馏水质量的测定	(15分)
	正确进行酒样残液或样品的测定	(15分)
结果计算	会查密度—总浸出物含量对照表	(10分)
	正确运用公式计算	(20分)

四、思考与练习题

1. 葡萄酒(果酒)的干浸出物指的是什么?
2. 测定葡萄酒(果酒)的干浸出物的原理是什么?
3. 进行质量测定时需注意哪些事项?

【知识链接】

(1)葡萄酒总浸出物就是葡萄酒中的非挥发性物质即除去酒精、SO_2、CO_2及低挥发性物质外的所有可溶性物质。干浸出物即无糖浸出物,是葡萄酒中一定的物理条件下的非挥发性物质的总和,包括游离酸及盐类、单宁、色素、果胶、矿物质等。在干、半干型葡萄酒中,干浸出物的含量是考核葡萄质量的一项重要指标。因此,检验干浸出物含量是鉴别真假葡萄酒的重要检测依据。

(2)用密度瓶法测定葡萄酒(果酒)样品或蒸出酒精后样品残液的密度,计算出20℃时脱醇样品的密度,经查密度—总浸出物含量对照表,得出总浸出物的含量,再从中减去总糖的含量,即得出试样中干浸出物的含量。

实训项目三　滴定分析技术

【知识目标】

1.学习化学滴定原理、滴定分析的操作方法；

2.学习常见食品滴定分析方法；

3.掌握食品滴定分析操作。

【能力目标】

1.认识常见滴定化学仪器；

2.掌握酸碱滴定的操作；

3.能够进行滴定计算。

任务一　滴定分析基础知识

【知识目标】

认识常见化学仪器。

【能力目标】

1.学会使用常见化学仪器；

2.掌握各种化学仪器的清洗方法。

一、任务准备

(1)酸式滴定管；
(2)碱式滴定管；
(3)移液管；
(4)烧杯；
(5)容量瓶；
(6)玻璃棒。

二、任务实施

滴定管的使用:下部带有玻璃活塞为酸式滴定管,只能使用酸性溶液或者中性氧化性溶液,不能使用碱性溶液,因为碱性溶液会将玻璃活塞腐蚀造成粘连而损坏。碱式滴定管下部连有胶皮管,内有玻璃珠成活塞,可用手挤捏玻璃珠来控制液体流量。碱式滴定管不能装入酸性或氧化性溶液,否则将腐蚀胶皮(图 3-1)。

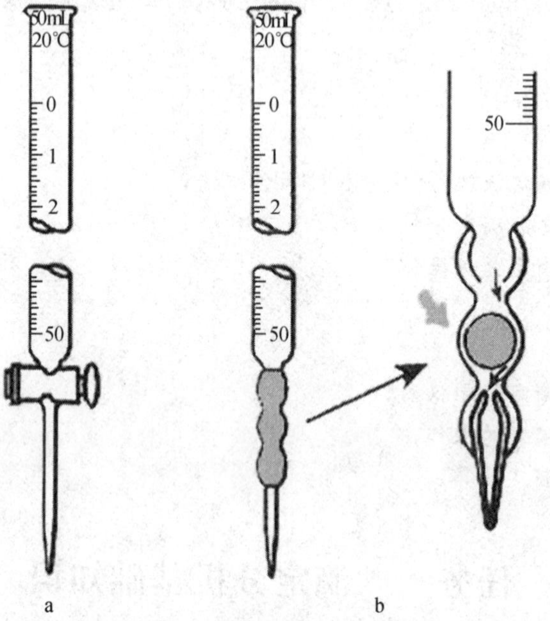

图 3-1 酸式滴定管和碱式滴定管

a. 酸式滴定管 b. 碱式滴定管

1. 清洗滴定管

先将滴定管用清水冲洗干净(如有油污用刷子沾洗衣粉或肥皂清洗),一般洗到内壁不挂水珠为干净。最后还应用待试溶液进行润洗,目的是使滴定管内壁被待试溶液所饱和,减少实验误差。一般需要润洗 3 次,每次预装 1/3 高度并把滴定管倾斜务必使滴定管全部都被待试溶液接触,最后打开活塞流出。

2. 装溶液和赶气泡

为了使管内不产生气泡,在装入溶液时左手拿住滴定管无刻度处并倾斜约 30°,右手拿住细口瓶沿管壁缓缓倒入溶液,并关严活塞。或将滴定管置于滴定管架上,用玻璃棒引流倒入溶液。如产生气泡将滴定管置于滴管架上用手指轻敲管壁将气泡排出，最下部的活塞和胶皮管也应检查是否有气泡(图 3-2)。酸式滴定管可打开活塞将附近气泡放出；碱式滴定管则把胶皮管向上弯曲挤压玻璃珠将胶管内气泡排出，务必当胶皮管放直后再松开手指，保证不再进入空气。每次注入溶液都应是液面高于 0 刻度，水平放置在滴定管架上由下部活塞放出多余溶液。最好使液面在 0 刻度处，这样方便读数，如液面不在 0 刻度处应记录当前液面位置，以便以后计算。

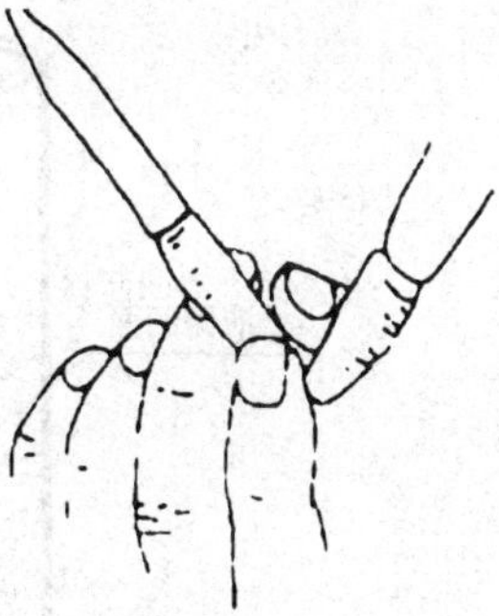

图 3-2　碱式滴定管除气泡的方法

3. 检漏和涂油

滴定管在使用前必须严格检查是否漏水。将滴定管放在架子上静止 5 min 即可发现是否漏水。如发现酸式滴定管活塞处有漏水现象或转动不灵活，应对活塞重新涂油。把活塞处的橡皮筋打开，轻轻取出活塞用纸擦净，再重新涂抹凡士林，注意不要堵住塞孔。方法是只涂抹塞孔两侧一点，然后轻轻放入塞座内向一个方向转动，使凡士林涂满整个活塞。如发现管尖有凡士林堵塞，可将活塞放入热水中温热一段时间然后将活塞打开使管内水突然流出，将融化的油脂及杂物带出，最后再重新涂抹凡士林。碱式滴定管如漏水应检查下部胶皮管是否老化。如发现老化，应更换胶皮管并重新安装玻璃珠。

4. 滴定操作

通常在锥形瓶中进行，并在下部垫白纸做背景方便检视颜色变化。应用左手操作活塞，右手不停振荡锥形瓶(图 3-3)。滴定应遵循“成滴不成线”原则，开始时溶液放出速度可快些，最后应一滴一滴放出，以确保准确度。当最后一滴溶液滴下锥形瓶马上出现变色，并保持 30 s 颜色不变，此时为滴定终点。

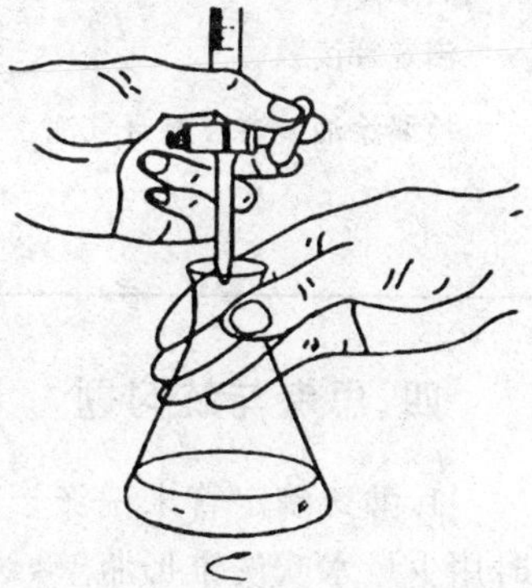

图 3-3　酸式滴定的操作方法

5. 读数

在达到滴定终点后应对消耗多少溶液进行读数，进行滴定计算。读数时视线应与液面水平，以液面最低处为读数点。如液面最低处不好辨认，可读取液面两侧最高点。但无论最低点读数还是最高点读数，每次都应相同，不能变换，这样才能尽量消除误差(图 3-4)。

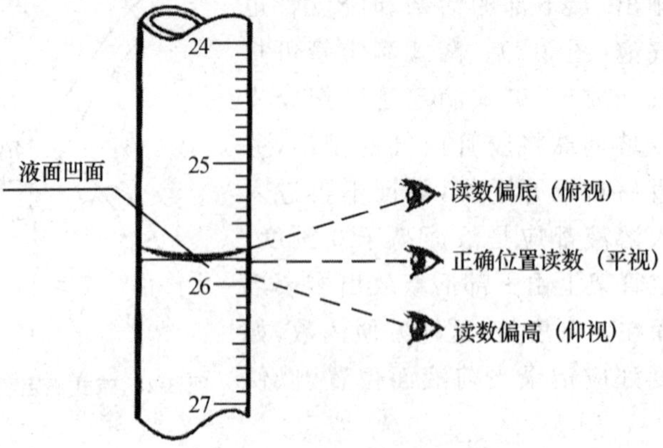

图 3-4 滴定管读数

注意事项：

(1)滴定管属于玻璃仪器，应轻拿轻放，防止破碎；

(2)凡士林如粘手上，可用肥皂洗净。

三、考核评价

考核项目	评价标准	
滴定管的清洗	正确清洗滴定管	(10 分)
滴定管操作	正确操作酸式、碱式滴定管	(40 分)
滴定管读数	能够正确进行读数	(20 分)
检漏涂油装溶液及赶气泡	酸式滴定管涂油	(10 分)
	滴定管装溶液	(10 分)
	碱式滴定管赶气泡	(10 分)

四、思考与练习题

1. 酸式滴定管未洗涤干净挂有水珠，对滴定时所产生的误差有何影响？滴定时用少量水吹洗锥形瓶壁，对结果有无影响？

2. 平行滴定时，第一份滴定完成后，若剩下的滴定溶液还足够做第二份滴定时，是否可以不再添加滴定溶液而继续往下滴第二份？为什么？

3. 配制酸碱溶液时，所加水的体积是否需要很准确？

4. 试分析实验中产生误差的原因。

任务二 盐酸、氢氧化钠标准溶液的配制与标定

【知识目标】

1. 理解指示剂的选择和使用；
2. 掌握实验数据的计算方法；
3. 了解酸碱滴定的内容与方法。

【能力目标】

1. 学会常见滴定仪器的使用方法；
2. 掌握盐酸、氢氧化钠标准溶液的配制方法。

一、盐酸标准溶液的制备

(一)任务准备

1. 仪器

(1)酸式滴定管； (2)碱式滴定管；
(3)烧杯； (4)三角瓶；
(5)玻璃棒； (6)马福炉；
(7)干燥器； (8)精密天平。

2. 试剂

(1)浓盐酸(12 mol/L)； (2)甲基橙(1 g/L)；
(3)无水碳酸钠。

(二)任务实施

浓盐酸属挥发性试剂，性质不稳定，所以其标准溶液不能直接配制，而是用浓盐酸稀释成近似浓度再用基准物质无水碳酸钠标定其浓度。

1. 实验步骤

(1)干燥碳酸钠。基准物质无水碳酸钠在实验前需事先进行烘干。将碳酸钠置瓷坩埚中(瓷坩埚应洗净，并在高温炉中于 600℃灼烧 1 h)放马福炉中 270～300℃干燥 1 h，然后取出放入干燥器中冷却 10 min，用精密天平称重。重复以上步骤后计算两次称重的重量差，重量差应不大于 0.1%，如超出范围则再次烘干，

直到差值小于 0.1%。

(2)0.1 mol/L 盐酸溶液的配制与标定。用量筒取浓盐酸 4.5 mL 倒入 500 mL 定容瓶中,蒸馏水稀释到 500 mL 刻度处,摇匀待用。准确称取干燥后的无水碳酸钠 0.15~0.2 g,倒入锥形瓶或烧杯中,加入 25 mL 蒸馏水溶解,滴入甲基橙指示剂 1 滴。将配制好的盐酸装入酸式滴定管中开始滴定溶解后的无水碳酸钠,颜色由黄色刚变橙色时暂停滴定,将溶液加热沸腾以除去影响实验结果的二氧化碳,而后溶液又呈黄色,冷却后继续滴定至橙色为终点。记录盐酸消耗的体积,重复 3 次滴定操作计算盐酸消耗平均值。

2. 实验结果计算

$$c=m\times 1\,000/V\times M$$

式中:c—盐酸标准溶液的浓度,mol/L;

V—滴定中消耗的盐酸体积(为 3 次滴定的平均值),mL;

m—无水碳酸钠的质量,g;

M—无水碳酸钠的摩尔质量,106 g/mol。

(三)考核评价

考核项目	评价标准	
干燥无水碳酸钠	正确操作马福炉	(10 分)
	正确使用精密天平	(15 分)
	两次称重的重量差小于 0.1%	(15 分)
溶液的配制与标定	正确操作各种仪器	(20 分)
	能够进行滴定终点判断	(20 分)
实验结果计算	准确计算出实验结果	(20 分)

【知识链接】

无水碳酸钠与盐酸的反应式:

$$Na_2CO_3+2HCl=2NaCl+CO_2\uparrow+H_2O$$

反应完全时,可用甲基橙作指示剂滴定至黄色变为橙色为终点。

二、氢氧化钠标准溶液的制备

氢氧化钠有很强的吸湿性,容易吸收空气中的二氧化碳生成碳酸钠,因此其标准溶液不能直接配制，而是配成近似浓度，再用基准物质邻苯二甲酸氢钾标定。

（一）任务准备

1. 仪器

(1)酸式滴定管；(2)碱式滴定管；
(3)烧杯；(4)三角瓶；
(5)玻璃棒；(6)烘箱；
(7)精密天平。

2. 试剂

(1)固体氢氧化钠；(2)酚酞(10 g/L 乙醇液)；
(3)邻苯二甲酸氢钾。

（二）任务实施

1. 干燥邻苯二甲酸氢钾

邻苯二甲酸氢钾在烘箱中于 110～120℃(超过 125℃会脱水变成邻苯二甲酸酐引起误差)干燥 2 h，取出放入干燥器中冷却至室温精密称重。计算两次干燥后的重量差，使结果不大于 0.1%，否则再次干燥。(方法同碳酸钠干燥)

2. 0.1 mol/L 氢氧化钠溶液的配制与标定

用天平称取氢氧化钠 2.2～2.5 g，放入烧杯中用少量蒸馏水洗去表面的碳酸钠。再用蒸馏水溶解后倒入 500 mL 定容瓶中，稀释至 500 mL 刻度处，摇匀待用。准确称取干燥后的邻苯二甲酸氢钾 0.4～0.6 g，倒入锥形瓶或烧杯中，加入 25 mL 蒸馏水溶解(如不溶解可加热溶解后再冷却)，滴入酚酞 2 滴。将配制好的氢氧化钠装入碱式滴定管中开始滴定溶解后的邻苯二甲酸氢钾，颜色由无色变粉红色 30 s 不褪为滴定终点。记录氢氧化钠消耗的体积，重复 3 次滴定操作计算氢氧化钠消耗体积的平均值。

3. 实验结果计算

$$c = m \times 1\,000/(V \times M)$$

式中：c—氢氧化钠标准溶液的浓度，mol/L；

V—滴定中消耗的氢氧化钠体积(为 3 次滴定的平均值)，mL；

m—邻苯二甲酸氢钾的质量，g；

M—邻苯二甲酸氢钾摩尔质量，204 g/mol。

注意事项：

固体氢氧化钠具有腐蚀性，切不可用手接触；如与手接触立即用大量水冲洗。

(三)考核评价

考核项目	评价标准	
干燥邻苯二甲酸氢钾	正确操作烘箱	(10分)
	正确使用干燥器	(15分)
	两次称重的重量差小于0.1%	(15分)
溶液的配制与标定	正确操作定容瓶	(20分)
	能够进行滴定终点判断	(20分)
实验结果计算	准确计算出实验结果	(20分)

【知识链接】

邻苯二甲酸氢钾与氢氧化钠反应生成邻苯二甲酸氢钾钠,可用酚酞为指示剂滴定至粉红色不褪为终点。

三、思考与练习题

1. 配制酸碱溶液时,所加水的体积是否需要很准确?
2. 为什么不能用直接法配制盐酸标准溶液?
3. 实验中所用锥形瓶是否需要烘干?加入蒸馏水的量是否需要准确?
4. 为什么 HCl 标准溶液配制后,都要经过标定?
5. 标定 HCl 溶液的浓度除了用 Na_2CO_3 外,还可以用何种基准物质?
6. 用 Na_2CO_3 标定 HCl 溶液时能否用酚酞作指示剂?

任务三　食品中总酸的测定

【知识目标】

了解食品中酸度测定的意义。

【能力目标】

1. 掌握总酸测定及计算方法;
2. 掌握各种食品的处理方法。

一、任务准备

1. 试剂

(1)0.1 mol/L 氢氧化钠标准溶液； (2)10 g/L 酚酞乙醇溶液。

2. 样品

(1)蔬菜； (2)牛奶；

(3)水果及其制品； (4)饮料。

二、任务实施

1. 样品预处理

(1)固体样品。如蔬菜、水果及其制品，将样品用粉碎机或捣碎机粉碎捣匀。

(2)液体样品。如牛奶、饮料等可混匀后直接取样。含二氧化碳的样品需40℃加热 30 min 除去二氧化碳。

2. 滴定

准确称取混合均匀的样品 10～20 g 置于小烧杯中，加入少量蒸馏水后移入250 mL 容量瓶中，充分振摇混匀加水至刻度后摇匀，用滤纸过滤。取滤液 50 mL于锥形瓶中，滴入酚酞指示剂 3 滴，用 0.1 mol/L 氢氧化钠标准溶液滴定至溶液呈淡红色 30 s 为滴定终点，记录消耗氢氧化钠的体积。

3. 结果计算

$$\text{总酸度}=c\times V\times\frac{K}{m}\times V_1/V_2$$

式中：c—氢氧化钠标准溶液的溶度，mol/L；

V—消耗氢氧化钠的体积，mL；

m—样品质量，g；

V_1—吸取样品溶液的体积，mL；

V_2—样品液的总体积，mL；

K—换算系数。葡萄及其制品 K=0.075；柑橘类及其制品 K=0.064；苹果核果及其制品 K=0.067；酱油乳品肉类水产品 K=0.090；酒类酒精食醋 K=0.060。

注意事项：

氢氧化钠标准溶液应预先配制好，具体步骤见任务二。样品应注意新鲜度，防止腐烂变质。

三、考核评价

考核项目	评价标准	
样品预处理	固体样品的粉碎捣匀	(10 分)
	液体样品混合	(10 分)
	能够除去液体中的二氧化碳	(10 分)
滴定操作	能够准确称量样品	(20 分)
	正确过滤样品	(20 分)
	正确判断滴定终点	(20 分)
实验结果计算	能够计算出实验结果	(20 分)

四、思考与练习题

试验中选用何种指示剂?

【知识链接】

食品中的酸性成分可以用碱液来中和,最后生成盐类。可通过计算碱液的消耗值来计算样品中总酸的含量。选用酚酞作指示剂,滴定至溶液呈淡红色 30 s 不褪,为滴定终点。

$$RCOOH + NaOH \rightarrow RCOONa + H_2O$$

任务四 凯氏定氮法测定食品中的蛋白质

【知识目标】

1. 学习凯氏定氮法测定蛋白质含量的原理;
2. 了解蛋白质测定对于食品营养价值的意义。

【能力目标】

1. 掌握常量凯氏定氮法测粗蛋白质操作;
2. 学会连接常量、微量凯氏定氮消化蒸馏装置;
3. 掌握常见化学仪器的操作。

一、任务准备

1. 仪器

(1)500 mL 凯氏烧瓶；　　(2)定氮蒸馏装置(图 3-5 和图 3-6)。

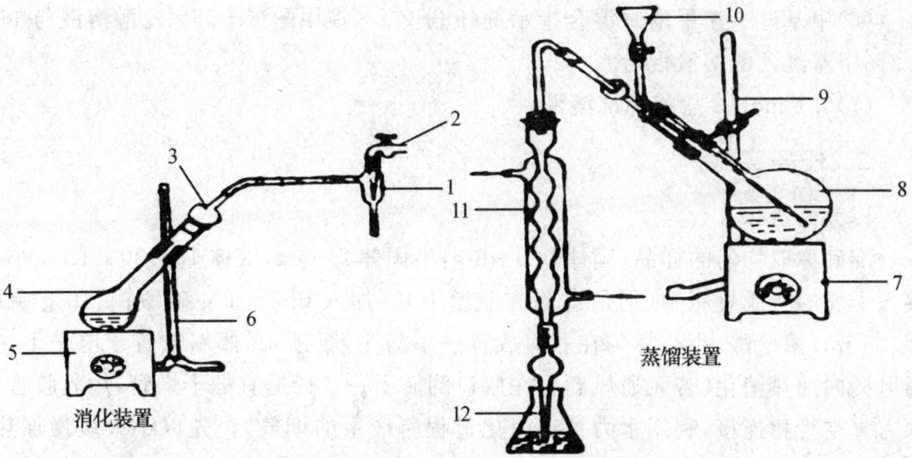

图 3-5　常量凯氏定氮消化、蒸馏装置

1. 水力抽气管　2. 水龙头　3. 倒置的干燥管　4. 凯氏烧瓶　5、7. 电炉　8. 蒸馏烧瓶　6、9. 铁支架　10. 进样漏斗　11. 冷凝管　12. 接收瓶

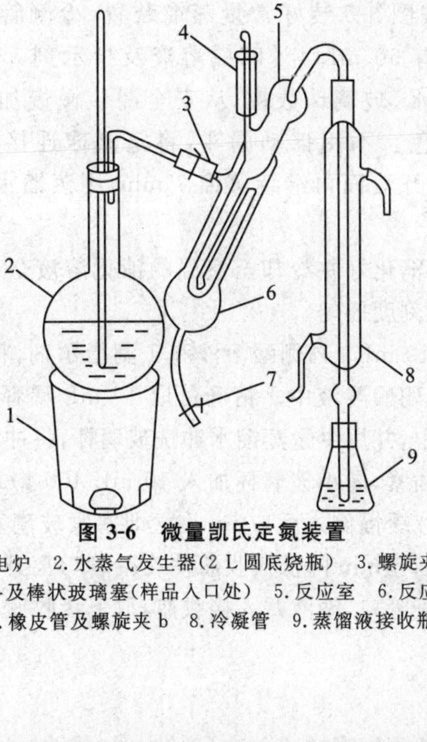

图 3-6　微量凯氏定氮装置

1. 电炉　2. 水蒸气发生器(2 L 圆底烧瓶)　3. 螺旋夹 a　4. 小漏斗及棒状玻璃塞(样品入口处)　5. 反应室　6. 反应室外层　7. 橡皮管及螺旋夹 b　8. 冷凝管　9. 蒸馏液接收瓶

2. 试剂

(1)硫酸；

(2)硫酸钾；

(3)硫酸铜；

(4)400 g/L 氢氧化钠；

(5)40 g/L 硼酸溶液；

(6)甲基红—溴甲酚绿混合指示剂(5 份 0.2%溴甲酚绿+95%乙醇溶液与 1 份 0.2%甲基红乙醇溶液混合)；

(7)0.1 mol/L 盐酸标准溶液。

二、任务实施

1. 样品消化

准确称取均匀的样品(固体 0.5～3 g,半固体 2～5 g,液体 15～20 mL)。小心移入干燥的凯氏烧瓶中(切勿黏附在瓶壁上)。加入 0.5～1 g 硫酸铜、10 g 硫酸钾、25 mL 浓硫酸,小心摇匀在瓶口放置一小漏斗,瓶颈 45°倾斜放置于电炉上,在通风橱内加热消化(若无通风橱可在瓶口倒插入一口径适宜的干燥管,用乳胶管与水力真空管相连接,利用水力抽走消化过程所产生的烟气)。先以小火缓慢加热,待内容物完全碳化泡沫消失后加大火力消化至溶液透明呈蓝绿色。最后取下漏斗继续加热 0.5 h 冷却至室温。

2. 蒸馏、吸收

(1)常量蒸馏。按图 3-5 装好常量蒸馏装置,冷凝管下端需进入接收瓶液面下面(瓶内预先装有 50 mL 4%硼酸溶液及指示剂 5～6 滴)。在凯氏烧瓶内加入 100 mL 蒸馏水、玻璃珠数粒,从安全漏斗慢慢加入 70 mL 400 g/L 氢氧化钠,溶液呈蓝褐色。不用摇动漏斗,将定氮球连接好。加热蒸馏 30 min 后将蒸馏装置出口离开液面再继续蒸馏 1 min,用蒸馏水淋洗尖端将溶液合并停止蒸馏。

(2)微量蒸馏。将消化好并冷却至室温的消化溶液全部转移到 100 mL 容量瓶中,用蒸馏水定容至刻度摇匀。

向接收瓶内加入 10 mL 4%硼酸溶液和 1 滴指示剂,将接收瓶放置在冷凝管下口处,并将下口浸入硼酸溶液中。精确量取 10 mL 稀释定容后的试液,用小玻璃杯小心移入反应室中,并用少量蒸馏水冲洗玻璃杯,将冲洗后的液体一并移入反应室。将棒状玻璃塞插紧,向小玻璃杯加入 10 mL 400 g/L 氢氧化钠溶液。打开玻璃塞将氢氧化钠溶液缓慢倒入反应室,并立即塞紧玻璃塞。并在小玻璃杯中加水密封。通入蒸汽蒸馏 5 min 降低接收瓶使冷凝管口离开液面,继续蒸馏 1 min。用少量蒸馏水冲洗冷凝管口,洗液并入接收瓶,取下接收瓶。

(3)滴定。按照酸碱滴定操作方法,用0.1 mol/L盐酸标准溶液滴定瓶内的硼酸,颜色由蓝色变为红色为滴定终点。同时做一组空白试验(不加样品,从消化开始操作完全相同)。

3.结果计算

常量蒸馏:

$$蛋白质含量=c(V_2-V_1)\times 0.014\times \frac{F}{m}\times 100\%$$

微量蒸馏:

$$蛋白质含量=c(V_2-V_1)\times 0.014\times \frac{F}{m}\times \frac{1}{10}\times 100\%$$

式中:c—盐酸标准溶液的浓度,mol/L;

V_1—滴定空白消耗盐酸标准溶液的体积,mL;

V_2—样品消耗盐酸标准溶液的体积,mL;

m—样品质量,g;

F—蛋白质系数。一般食品(鸡蛋、肉、青豆、玉米)6.25;大米5.95;乳及乳制品6.38;小麦粉5.7;小米、大麦、燕麦5.83;坚果5.3;大豆制品6.0。

0.014—1 mL 1 mol/L盐酸标准溶液相当于氮的质量,g。

注意事项:

(1)消化过程应转动凯氏烧瓶以促进消化;

(2)如样品含脂肪或糖分较多则会产生大量泡沫,加入液体石蜡、辛醇可防止泡沫溢出瓶外,还应注意控制温度;

(3)如样品液不易澄清透明可将凯氏烧瓶冷却加入2~3 mL 300 g/L过氧化氢再加热;

(4)加入的硫酸钾能提高溶液的沸点,从而加快有机物的分解;

(5)硫酸铜起到催化加速氧化分解的作用,也是样品液碱化的指示剂;

(6)一般消化到透明后继续30 min即可,如有特别难氨化的样品消化时间可适当延长;

(7)硼酸吸收液温度不应超过40℃;

(8)蒸馏过程应注意接头是否有松漏现象,蒸馏结束后先将蒸馏出口离开液面再继续蒸馏1 min,目的是将附在尖端的液体完全进入到吸收瓶内,然后再将吸收瓶移开。最后关闭电源,而不能先关电源,否则发生倒吸现象。

三、考核评价

考核项目	评价标准	
样品消化	能够准确称取样品	(10分)
	样品移入凯氏烧瓶	(10分)
	正确进行样品消化	(10分)
蒸馏、吸收	正确进行常量蒸馏操作	(20分)
	正确进行微量蒸馏操作	(20分)
	正确判断滴定终点	(20分)
实验结果计算	正确计算出实验结果	(20分)

四、思考与练习题

消化过程为什么要转动烧瓶?

【知识链接】

试验样品加浓硫酸与催化剂加热,使有机物被破坏,蛋白质分解。样品中的碳和氢转化为二氧化碳与水,而有机氮变为氨与硫酸结合成硫酸铵而留在溶液中。将溶液加入碱液蒸馏,用硼酸吸收放出的氨,再用标准盐酸或硫酸溶液滴定,根据消耗酸的量可计算出样品中氮的含量,再乘以蛋白质系数就得出蛋白质含量。

$$2NH_2(CH_2)_2COOH+13H_2SO_4=(NH_4)_2SO_4+6CO_2+12SO_2+16H_2O$$

$$(NH_4)_2SO_4+2NaOH=2NH_3+Na_2SO_4+2H_2O$$

$$2NH_3+4H_3BO_3=(NH_4)B_4O_7+5H_2O$$

$$(NH_4)_2B_4O_7+2HCl+5H_2O=2NH_4HCl+4H_3BO_3$$

任务五　EDTA 标准溶液的配制与标定

【知识目标】

1. 掌握配位滴定基本原理;
2. 了解 EDTA 与金属离子反应特点。

【能力目标】

1. 学会配位滴定基本操作；

2. 能够进行 EDTA 滴定计算。

一、任务准备

1. 仪器

(1)试剂瓶； (2)干燥器；

(3)精密天平； (4)表面皿；

(5)量筒； (6)烧杯；

(7)酸式滴定管。

2. 试剂

(1)分析纯 EDTA 二钠(不能放入玻璃瓶中应贮存在塑料瓶中，防止溶解玻璃中的钙离子)；

(2)碳酸钙；

(3)浓 HCl^- 6mol/L；

(4)10%KOH；

(5)氨缓冲溶液(pH=10)：取 5.4 g 固体 NH_4Cl 加水 20 mL，然后加入浓度为 15 mol/L 的氨水 35 mL，溶解后用水稀释至 100 mL；

(6)钙指示剂：与固体 NaCl 1∶25 混合。

二、任务实施

1. 0.02 mol/L EDTA 溶液的配制

称取乙二胺四乙酸二钠盐 7.6 g，溶解于 300～400 mL 温水中，并稀释至 1 L 摇匀。移入 1 000 mL 试剂瓶中摇匀。

2. 用基准物质 $CaCO_3$ 标定 EDTA

首先配制 0.02 mol/L 钙标准溶液。将 $CaCO_3$ 在 110℃ 干燥 2 h，于干燥器中冷却后准确称取 0.35～0.40 g 放入 250 mL 烧杯中，于少量水润湿并加盖，再从杯嘴边缓慢加入几毫升 6 mol/L HCl 至完全溶解。用水把溅到表面皿的溶液淋入杯中，冷却后移入 250 mL 容量瓶中稀释至刻度摇匀。

标定：量取 25 mL 标准钙溶液置于 250 mL 锥形瓶中，加入 20 mL 氨缓冲溶液，滴入 2 滴指示剂，用 EDTA 滴定至溶液由酒红色变为纯蓝色为终点。

3. 计算

$$c=m\times 25\times \frac{1\,000}{M}\times 250\times V$$

式中：c—EDTA标准液的浓度，mol/L；

M—碳酸钠摩尔质量，106 g/mol；

m—量取碳酸钠质量，g；

V—消耗EDTA溶液的体积，mL。

注意事项：

如颜色判断有困难，可在锥形瓶后用白纸衬垫。

三、考核评价

考核项目	评价标准	
EDTA溶液的配制	正确配置EDTA溶液	(20分)
标定EDTA	正确配置钙标准溶液	(20分)
	能够正确操作定容瓶	(20分)
溶液标定	正确判断滴定终点	(20分)
实验结果计算	正确计算出实验结果	(20分)

四、思考与练习题

EDTA为什么不能放入玻璃瓶中而应贮存在塑料瓶中？

【知识链接】

分析纯EDTA含有0.3%水，应配制后进行标定。用碳酸钙为基准物质，在pH≥12时用作指示剂，EDTA溶液滴至酒红色变纯蓝色为终点。

钙指示剂(以H_3In表示)在水溶液中电离：

$$H_3In = 2H^+ + HIn^{2-}$$

在pH≥12溶液中，HIn^{2-}与Ca^{2+}形成配位离子：

$$HIn^{2-} + Ca^{2+} = CaIn^- + H^+$$

纯蓝色⟶酒红色

当用EDTA滴定时与Ca^{2+}形成更稳定的CaY^{2-}，在滴定终点$CaIn^-$不断转为更稳定的CaY^{2-}，钙指示剂被释放出来。

$$CaIn^- + H_2Y^{2-} + OH^- = CaY^{2-} + HIn^{2-} + H_2O$$

酒红色⟶无色⟶纯蓝色

任务六 生产用水硬度测定

【知识目标】

1. 了解水的硬度、暂时硬度及永久硬度含义；
2. 掌握水硬度的测定原理、方法、计算。

【能力目标】

1. 学会水硬度测定基本操作；
2. 学会判断配位滴定终点。

一、任务准备

1. 仪器

(1)滴定管；(2)移液管；

(3)锥形瓶；(4)容量瓶。

2. 试剂

(1)氨缓冲溶液 pH=10；

(2)EDTA 标准溶液 0.02 mol/L；

(3)铬黑 T 指示剂(0.25 g 铬黑 T;2.5 g 盐酸羟胺用 50 mL 无水乙醇溶解)。

二、任务实施

1. 配制 pH=10 缓冲溶液

取 NH_4Cl 20 g 溶于水中,加入 100 mL 浓氨水并用水稀释至 1 000 mL。

2. 水硬度测定

吸取 100 mL 试样水放入锥形瓶中,加入 5 mL 氨缓冲溶液和 3～4 滴铬黑 T 指示剂,用 EDTA 标准溶液滴定。滴定至溶液由酒红色变成蓝色即为滴定终点。

3. 结果计算

$$总硬度=V\times c\times\frac{1\,000}{V_{水}}\times 100.09$$

式中:V— 消耗 EDTA 的体积,mL；

c—EDTA 浓度,mol/L；

$V_{水}$—水样体积,mL。

注意事项：

浓氨水具有挥发性，可刺激眼睛产生泪水，使用时应注意通风。

三、考核评价

考核项目	评价标准	
配制 pH＝10 缓冲溶液	能够配制 pH＝10 缓冲溶液	(20 分)
滴定操作	正确操作滴定管	(20 分)
	正确进行滴定操作	(30 分)
滴定终点判断	正确判断滴定终点	(20 分)
实验结果计算	正确计算出实验结果	(10 分)

四、思考与练习题

水的硬度主要由什么形成？

【知识链接】

水的硬度测定分为总硬度测定和钙镁硬度两种。总硬度测定是滴定水中钙、镁离子总量，并以钙离子为总量进行计算。钙镁硬度则分别测定钙离子、镁离子的含量。本实验为测定水的总硬度采用配位滴定法，EDTA 为配位剂在溶液中与钙离子、镁离子形成配合物。以铬黑 T 为指示剂，在 pH 为 10 的缓冲溶液中显蓝色，与钙、镁离子反应后显酒红色。由于钙、镁离子与铬黑 T 形成的配合物没有与 EDTA 形成的配合物稳定，故 EDTA 可将钙、镁离子争夺过来使铬黑 T 游离出来，这时溶液由酒红色变成蓝色，达到滴定终点。

任务七　食品中还原糖的测定

【知识目标】

1. 了解哪些糖类具有还原性；
2. 了解掌握氧化还原滴定法的基本原理。

【能力目标】

1. 掌握食品中还原糖的测定方法；

2.学会费林试剂的配制；

3.掌握样品的处理方法。

一、任务准备

1.仪器

(1)酸式滴定管；
(2)锥形瓶；
(3)电炉；
(4)石棉网；
(5)玻璃珠。

2.试剂

(1)费林试剂甲液/碱性酒石酸铜溶液甲液：15 g 硫酸铜、0.05 g 亚甲基蓝溶于水稀释至 1 000 mL；

(2)费林试剂乙液/碱性酒石酸铜溶液乙液：50 g 酒石酸钾钠、75 g 氢氧化钠溶于水后加入 4 g 亚铁氰化钾，完全溶解后稀释至 1 000 mL，贮存于橡胶玻璃瓶内；

(3)乙酸锌溶液：取乙酸锌 21.9 g 加入 3 mL 冰乙酸，加水溶解稀释至 100 mL；

(4)亚铁氰化钾溶液：取亚铁氰化钾 10.6 g，加水溶解稀释至 100 mL；

(5)盐酸溶液：量取 50 mL 盐酸加水稀释至 100 mL；

(6)葡萄糖标准溶液：精密称取 1.000 g 经过 98～100℃干燥 2 h 至恒重的葡萄糖，加水溶解后加入 5 mL 盐酸，用水稀释至 1 000 mL。此溶液每毫升相当于 1.0 mg 葡萄糖。

二、任务实施

1.样品处理

(1)一般食品。称取粉碎后的固体样品 2.5～5 g 或混合均匀的液体样品 25～50 mL(精确至 0.001 g)置于 250 mL 容量瓶中，加水 50 mL，慢慢加入 5 mL 乙酸锌溶液和 5 mL 亚铁氰化钾溶液加水至刻度，混匀静置 30 min，用干燥滤纸过滤后弃去初滤液，再次过滤的滤液备用。

(2)酒精性饮料。取 100 mL 样品置于蒸发皿中，用 1 mol/L 氢氧化钠溶液中和至中性，在水浴上蒸发至原体积的 1/4 后移入 250 mL 容量瓶中加水 50 mL 混匀。慢慢加入 5 mL 乙酸锌溶液和 5 mL 亚铁氰化钾溶液加水至刻度，混匀静置 30 min，用干燥滤纸过滤后弃去初滤液，再次过滤的滤液备用。

(3)含大量淀粉的食品。称取 10～20 g 粉碎混匀的试样，置 250 mL 容量瓶中加水 200 mL，在 45℃水浴中加热 1 h 并振摇。冷却后加水至刻度，混匀、静置、沉淀。吸取 200 mL 上清液置于另外一个 250 mL 容量瓶中，慢慢加入 5 mL 乙酸锌溶液和 5 mL 亚铁氰化钾溶液加水至刻度，混匀静置 30 min，用干燥滤纸过滤后弃去初滤液，再次过滤的滤液备用。

(4)碳酸类饮料。吸取 100 mL 样品置于蒸发皿中，水浴上加热除去二氧化碳，移入 250 mL 容量瓶中，用水冲洗蒸发皿，洗液并入容量中加水至刻度，混匀备用。

2. 标定费林试剂

吸取费林试剂甲、乙溶液各 5.0 mL，置于 150 mL 锥形瓶中加水 10 mL 及玻璃珠两粒，从滴定管滴加约 9 mL 葡萄糖标准溶液，控制在 2 min 以内加热至沸腾，在沸腾状态下以每 2 s 1 滴的速度继续滴加葡萄糖标准液，直到溶液蓝色刚好褪去为滴定终点。记录消耗葡萄糖标准液的体积，同时平行操作 3 份取平均值。计算每 10 mL 费林试剂相当于葡萄糖的质量。

$$m_2 = V \times m_1$$

式中：m_1—葡萄糖标准溶液的浓度，mg/mL；

V—消耗葡萄糖标准溶液的体积，mL；

m_2—10 mL 费林试剂相当于葡萄糖的质量，mg。

3. 样品溶液预测

吸取费林试剂甲、乙液各 5.0 mL，置于 150 mL 锥形瓶中加水 10 mL，放入玻璃珠 2 粒，在 2 min 内加热至沸腾，并保持沸腾状态以先快后慢的速度从滴定管中滴加样品溶液，当溶液颜色变浅时以每 2 s 1 滴的速度滴定，直至溶液蓝色刚好褪去为滴定终点，记录样品液消耗的体积。

4. 样品溶液测定

吸取费林试剂甲、乙液各 5.0 mL，置于 150 mL 锥形瓶中加水 10 mL，放入玻璃珠两粒，从滴定管滴加比预测体积少 1 mL 的样品溶液至锥形瓶中，在 2 min 内加热至沸腾，并保持沸腾继续以每 2 s 1 滴的速度滴定，直至蓝色刚好褪去为滴定终点，记录样品溶液消耗体积。平行操作 3 份，得出平均消耗体积。

5. 结果计算

$$葡萄糖 = m_2 \times 25 / m \times V$$

式中：m_2—10 mL 费林试剂相当于葡萄糖的质量，g；

m—样品质量，g；

V—平均消耗样品溶液体积，mL。

注意事项：

加热时注意安全，防止烫伤。

三、考核评价

考核项目	评价标准	
样品预处理	各种样品预处理的方法	(20分)
标定费林试剂	标定费林试剂操作	(20分)
	计算费林试剂相当葡萄糖的质量	(30分)
样品溶液测定	能够以每2 s 1滴的速度滴定	(20分)
实验结果计算	正确计算出实验结果	(10分)

四、思考与练习题

哪些常见的糖类属于还原糖?

【知识链接】

试样除去蛋白质后在加热条件下以亚甲基蓝为指示剂,滴定标定过的碱性酒石酸铜溶液(用葡萄糖标准溶液标定),根据样品溶液消耗的体积来计算还原糖的含量。

任务八　蘑菇罐头中二氧化硫含量的测定

【知识目标】

了解二氧化硫在食品工业中的作用。

【能力目标】

1. 学会直接碘量法测二氧化硫含量;
2. 正确判断碘量法滴定终点颜色变化;
3. 掌握碘标准溶液配制。

一、任务准备

1. 仪器

(1)小烧杯;　(2)容量瓶;

(3)移液管;　(4)酸式滴定管;

(5)研钵；　　(6)锥形瓶；

(7)精密天平；　　(8)烘箱。

2. 试剂

(1)1 mol/L 氢氧化钾(57 g 氢氧化钾加水定容至 1 000 mL)；

(2)1∶3 硫酸溶液；　　(3)0.01 mol/L碘标准溶液；

(4)0.1%淀粉溶液；　　(5)硫代硫酸钠；

(6)重铬酸钾；　　(7)碘；

(8)碘化钾。

二、任务实施

1. 硫代硫酸钠标准溶液的配制与标定

称取 25 g 硫代硫酸钠并加入 300 mL 新煮沸冷却后的蒸馏水在烧杯中溶解，加入 0.1 g 碳酸钠使溶液呈弱碱性。用新煮沸冷却的蒸馏水稀释至 1 000 mL，贮存于棕色瓶中并在暗处放置 2 周后过滤待标定。精确称取 0.15 g 于 130℃烘干 2 h的重铬酸钾两份，分别放入两个碘量瓶中加水 25 mL 溶解，加入 2 g 碘化钾、6 mol/L盐酸 5 mL 摇匀。在暗处反应 10 min 后加水 150 mL，立即用配制的硫代硫酸钠溶液滴定至浅黄色，加入 0.5%淀粉指示剂 2 mL，缓缓滴定至蓝色消失并呈亮绿色为终点。取两份滴定结果的平均值，根据下式计算硫代硫酸钠溶液的准确浓度。

$$c=\frac{W}{294}\times 1\,000\times\frac{6}{V}$$

式中：c—硫代硫酸钠标准溶液的浓度，mol/L；

W—重铬酸钾质量，g；

V—硫代硫酸钠消耗的体积，mL。

2. 0.01 mol/L 碘标准溶液的配制与标定

称取 35 g 碘化钾、13 g 碘放入研钵中，加少量水研磨至完全溶解用水稀释至 1 000 mL，贮存于棕色瓶中。吸取已标定的硫代硫酸钠标准溶液 25 mL 置于 250 mL 锥形瓶中，加水 50 mL，加入 0.5%淀粉指示剂 1 mL，用待标定的碘溶液滴定至颜色呈蓝色 30 s 不褪色为终点。按下面公式计算出碘标准溶液的浓度后再稀释相应的倍数(配制的碘标准溶液约为 0.1 mol/L，准确稀释 10 倍)。

$$c_1=c_2\times\frac{V_2}{V_1}$$

式中：c_1—碘标准溶液的摩尔浓度，mol/L；

c_2—硫代硫酸钠摩尔浓度，mol/L；

V_1—消耗碘溶液的体积，mL；

V_2—硫代硫酸钠标准溶液的体积，mL。

3. 二氧化硫含量测定

取粉碎后的样品 20 g 放入小烧杯中，加少量蒸馏水将样品移入 250 mL 容量瓶中，多次冲洗烧杯将样品完全移入容量中。加水至容量瓶刻度的 1/3 左右，加塞振荡、摇匀，用蒸馏水定容。待瓶内液体澄清后用移液管吸取澄清液 50 mL 放入 250 mL 碘量瓶中，加入 1 mol/L 氢氧化钾 25 mL，振荡后放置 10 min，然后边振荡边加入 1∶3 硫酸溶液和 0.1%淀粉溶液各 1 mL。用 0.01 mol/L 碘标准溶液滴定至溶液颜色呈蓝色 30 s 不褪为滴定终点。同时不加样品做一空白实验。

4. 实验结果计算

$$SO_2=(V-V_0)\times c\times 64.06\times 50/m$$

式中：c—碘标准溶液的浓度，mol/L；

V—滴定样品消耗的碘标准溶液的体积，mL；

V_0—滴定空白实验消耗的碘标准溶液体积，mL；

m—样品质量，g。

注意事项：

小心操作，防止试液迸溅身上。

三、考核评价

考核项目	评价标准	
硫代硫酸钠标准溶液的配制与标定	正确使用精密天平	（10 分）
	正确使用烘箱	（20 分）
0.01 mol/L 碘标准溶液的配制与标定	正确使用移液管	（20 分）
	正确进行滴定操作	（20 分）
二氧化硫含量测定	溶液定容及滴定操作	（20 分）
实验结果计算	正确计算出实验结果	（10 分）

四、思考与练习题

二氧化硫在食品中的作用有哪些？

【知识链接】

样品处理后加入氢氧化钾使残留的二氧化硫以亚硫酸盐的形式固定。然后再加入硫酸使二氧化硫游离，并用碘标准溶液滴定。到达滴定终点时过量的碘与淀粉指示剂呈蓝色，通过碘标准溶液消耗的体积可计算二氧化硫含量。

任务九　食品中氯化钠含量的测定

【知识目标】

1. 了解摩尔法、佛尔哈德法基本原理；

2. 了解氯化钠在食品中作用。

【能力目标】

1. 掌握沉淀滴定法测定氯化钠的操作技能；

2. 掌握样品的处理方法。

一、任务准备

1. 仪器

(1)组织捣碎机；　(2)粉碎机；

(3)研钵；　(4)振荡器；

(5)分析天平；　(6)水浴锅。

2. 试剂

(1)蛋白质沉淀剂Ⅰ：称取 106 g 亚铁氯化钾溶于水中，移入 1 000 mL 容量瓶中，加水稀释至刻度；

(2)蛋白质沉淀剂Ⅱ：称取 220 g 乙酸锌溶于水中，加入 30 mL 冰乙酸，移入 1 000 mL 容量瓶中，加水稀释至刻度；

(3)乙醇溶液：80 mL 95%乙醇加水 15 mL 混匀；

(4)5%铬酸钾溶液：称取 5 g 铬酸钾溶于 95 mL 水中；

(5)0.1 mol/L 硝酸银溶液：取 17 g 硝酸银溶于水中，然后移入 1 000 mL 容量瓶中，加水稀释至刻度，摇匀，置于暗处；

(6)0.1%氢氧化钠溶液：1 g 氢氧化钠溶于 1 000 mL 水中；

(7)1%酚酞乙醇溶液：1 g 酚酞溶于 60 mL 95%乙醇中，用水稀释至 100 mL。

二、任务实施

(一)样品的制备

1.颗粒或块状样品

称取 200 g 样品用粉碎机或研钵研细,放置于密闭的玻璃容器内。

2.粉末状、糊状或液体样品

称取 200 g 样品充分混匀,放置于密闭的玻璃容器内。

3.固体、液体样品

称取 200 g 样品用组织捣碎机捣碎,放置于密闭的玻璃容器内。

(二)试液的制备

1.肉禽及水产制品

称取样品 20 g(精确至 0.001 g)放入 250 mL 锥形瓶中,加入 100 mL 70℃的热水,保持煮沸 15 min,不断振摇。待冷却至室温依次加入蛋白质沉淀试剂Ⅰ、蛋白质沉淀试剂Ⅱ各 4 mL。每次加入后应充分摇匀,并在室温静置 30 min。最后将锥形瓶中的内容物全部转移到 200 mL 容量瓶中,用水稀释至刻度摇匀,并用滤纸过滤后弃去最初滤液。

2.蛋白质及淀粉含量较高的蔬菜样品(蘑菇、青豆)

称取样品 10 g(精确至 0.001 g)放置于 100 mL 烧杯中,用乙醇溶液将样品转移到 100 mL 容量瓶中,稀释至刻度后振摇 15 min,用滤纸过滤并弃去最初滤液。

3.一般蔬菜制品

称取样品 20 g(精确至 0.001 g)放置于 250 mL 锥形瓶中,加入 100 mL 70℃热水,振摇 15 min。将锥形瓶中内容物移入 200 mL 容量瓶中用水稀释至刻度摇匀。用滤纸过滤并弃去最初滤液。

4.腌制品

称取样品 10 g(精确至 0.001 g)放置于 250 mL 锥形瓶中,加入 100 mL 70℃热水,振摇 15 min。将锥形瓶中内容物移入 200 mL 容量瓶中用水稀释至刻度摇匀。用滤纸过滤并弃去最初滤液。

5.调味品

称取样品 5 g(精确至 0.001 g)放置于 100 mL 烧杯中,加入适量水搅拌均匀。将烧杯中的内容物移入 200 mL 容量瓶中,用水稀释至刻度摇匀。用滤纸过滤并弃去最初滤液。

6.淀粉制品

称取样品 20 g(精确至 0.001 g)放置于 250 mL 锥形瓶中,加入 100 mL 70℃

热水，振摇 15 min。将锥形瓶中内容物移入 200 mL 容量瓶中用水稀释至刻度摇匀。用滤纸过滤并弃去最初滤液。

（三）操作步骤

1. 标定 0.1 mol/L 硝酸银标准溶液

精确称取 0.05～0.10 g 基准试剂氯化钠（或于 500～600℃灼烧至恒重的分析纯氯化钠）放置于 250 mL 锥形瓶中。用 70 mL 水溶解，加入 1 mL 5%铬酸钾溶液，边猛烈振摇边用 0.1 mol/L 硝酸银标准溶液滴定，当出现红黄色并保持 1 min 不褪色为滴定终点。记录消耗硝酸银溶液的体积。平行做 3 次，取平均值。

$$c=\frac{m}{0.05844\times V}$$

式中：c—硝酸银标准溶液的实际溶度，mol/L；

m—氯化钠质量，g；

V—滴定时消耗的硝酸银溶液的体积，mL。

2. 样品预处理

称取样品 10 g（精确至 0.001 g），放置于 100 mL 烧杯中。用乙醇溶液将样品移入 100 mL 容量瓶中，稀释至刻度，振荡 15 min，用滤纸过滤并弃去最初滤液。

3. 调节 pH

（1）pH 6.5～10.5 样品液：取含 25～50 mg 氯化钠样品，放置于 250 mL 锥形瓶中，加水 50 mL、5%铬酸钾溶液 1 mL，边振摇边用 0.1 mol/L 硝酸银溶液滴定，出现红黄色并保持 1 min 不褪色为滴定终点。记录硝酸银消耗的体积。

（2）pH 小于 6.5 样品液：取含 25～50 mg 氯化钠样品，放置于 250 mL 锥形瓶中，加水 50 mL、0.2 mL 1%酚酞溶液，用 0.1%氢氧化钠溶液滴定至微红色。再加 5%铬酸钾溶液 1 mL，边振摇边用 0.1 mol/L 硝酸银溶液滴定，出现红黄色并保持 1 min 不褪色为滴定终点。记录硝酸银消耗的体积。

空白实验：用 50 mL 水代替样品液，加 5%铬酸钾溶液 1 mL，边振摇边用 0.1 mol/L 硝酸银溶液滴定，出现红黄色并保持 1 min 不褪色为滴定终点。记录硝酸银消耗的体积。

$$食品中氯化钠的含量=0.05844\times c\times(V-V_0)\times K\times100\%/m$$

式中：c—硝酸银标准溶液的实际浓度，mol/L；

V_0—空白实验消耗的硝酸银溶液的体积，mL；

V—滴定样品消耗的硝酸银溶液的体积，mL；

K—稀释倍数；

m—试样的质量，g。

注意事项：

使用粉碎机应注意安全，防止机器伤人。

三、考核评价

考核项目	评价标准	
样品制备	能够进行各种样品制备	(30 分)
标定 0.1 mol/L 硝酸银标准溶液	精密称取氯化钠	(20 分)
	滴定操作	(20 分)
空白实验	正确进行空白实验	(20 分)
实验结果计算	正确计算出实验结果	(10 分)

四、思考与练习题

经常摄入过量氯化钠对人体有何影响？

【知识链接】

样品经处理后以铬酸钾为指示剂(摩尔法)，用硝酸银标准溶液滴定试液中的氯化钠，根据硝酸银溶液的消耗量，计算食品中氯化钠的含量。

任务十　食品的酸价和过氧化值的测定

【知识目标】

1. 了解测定油脂酸价和过氧化值的意义；
2. 初步掌握测定油脂酸价和过氧化值的原理。

【能力目标】

1. 掌握滴定法测定油脂酸价的方法；
2. 掌握滴定法测定油脂类食品过氧化值的方法。

一、油脂酸价的测定

(一)任务准备

1. 仪器

(1)250 mL 锥形瓶；　　(2)碱式滴定管；

(3)量筒；　　(4)天平。

2. 试剂

(1)乙醚—乙醇(2∶1)混合试剂：用 0.1 mol/L 碱液滴定至中性；

(2)1%酚酞—乙醇溶液：称取 1 g 酚酞溶于 100 mL 95%乙醇中；

(3)0.1 mol/L 氢氧化钾标准溶液；

(4)市售植物油。

(二)任务实施

1. 0.1 mol/L 氢氧化钾标准溶液配制与标定

准确称取 5.60 g 氢氧化钾，用无二氧化碳的蒸馏水溶解后倾入 1 000 mL 试剂瓶中，加水稀释至刻度。称取 0.3～0.4 g 于 105～110℃烘干至恒重的基准物质邻苯二甲酸氢钾，加入 50 mL 无二氧化碳的蒸馏水中，滴入 1%酚酞指示剂 2 滴，用配制好的氢氧化钾溶液滴定，当溶液呈粉红色为滴定终点，记录消耗氢氧化钾溶液体积。同时做空白实验。

氢氧化钾标准溶液的浓度为：

$$c=\frac{m}{(V_1-V_2)\times 0.204\,2}$$

式中：m—邻苯二甲酸氢钾质量，g；

V_1—氢氧化钾溶液消耗体积，mL；

V_2—空白实验消耗氢氧化钾体积，mL。

2. 中和乙醚—乙醇(2∶1)混合试剂

乙醚和无水乙醇按体积比 2∶1 混合，加入酚酞指示剂 2 滴，用氢氧化钾标准溶液滴定至呈微红色。

3. 测定油脂酸价

准确称取 1～3 g 油脂(如果油脂颜色深，可适量少取一些)放入锥形瓶中，加入 50 mL 乙醚—乙醇混合溶液，摇匀使样品溶解呈透明。加入酚酞指示剂 2 滴，用 0.1 mol/L 氢氧化钾标准液滴定，当溶液呈微红色 30 s 内不褪色为滴定终点，记录消耗氢氧化钾体积。

$$酸价=\frac{V\times c\times 56.1}{m}$$

式中：V—消耗氢氧化钾标准溶液体积，mL；

c—氢氧化钾标准溶液的浓度，mol/L；

m—样品质量，g。

（三）考核评价

考核项目	评价标准	
滴定操作	正确烘干基准物质	（20分）
	正确滴定基准物质	（30分）
	正确滴定乙醚—乙醇（2∶1）混合试剂	（20分）
测定油脂酸价	正确进行滴定操作并判定滴定终点	（20分）
实验结果计算	能够计算出油脂酸价	（10分）

【知识链接】

油脂在空气中暴露过久，部分油脂会水解产生游离脂肪酸，脂肪酸进一步氧化使油脂变质酸败。油脂的酸败程度以“酸价”标志。酸价是指中和1 g油脂中游离脂肪酸所需的氢氧化钾毫克数。越新鲜的油脂酸价越低，游离脂肪酸越多，酸价越高。

二、食品过氧化值的测定

（一）任务准备

1. 仪器

（1）碘量瓶；　　（2）烧杯；

（3）锥形瓶；　　（4）滴定管。

2. 试剂

（1）0.02 mol/L硫代硫酸钠标准溶液。称取3 g无水硫代硫酸钠溶于1 000 mL水中，缓慢煮沸10 min，冷却后放置2周过滤备用。

（2）饱和碘化钾溶液。称取14 g碘化钾，加水10 mL溶解，如不溶解可稍微加热，待冷却后贮存于棕色瓶中。此溶液应现配现用。

（3）三氯甲烷冰乙酸混合液。称取40 mL三氯甲烷，加入60 mL冰乙酸后混匀。

(4)1%淀粉指示剂。称取可溶性淀粉 0.5 g,加入少许水调成糊状倒入 50 mL 沸水中调匀煮沸。此指示剂现配现用。

(二)任务实施

1.硫代硫酸钠标准溶液的配制与标定

精确称取 0.15 g 于 130℃烘干 2 h 的重铬酸钾两份,分别放入两个碘量瓶中加水 25 mL 溶解,加入 2 g 碘化钾、6 mol/L 盐酸 5 mL 摇匀。在暗处反应 10 min 后加水 150 mL,立即用配制的硫代硫酸钠溶液滴定至浅黄色,加入 0.5%淀粉指示剂 2 mL,缓缓滴定至蓝色消失并呈亮绿色为终点。取两份滴定结果的平均值,根据下式计算硫代硫酸钠溶液的准确浓度。

$$c=\frac{W}{294\times1\,000}\times\frac{6}{V}$$

式中:c—硫代硫酸钠标准溶液的浓度,mol/L;

W—重铬酸钾质量,g;

V—硫代硫酸钠消耗的体积,mL。

2.过氧化值的测定

精确称取 2~3 g 混匀的样品置于 250 mL 碘量瓶中,加入 30 mL 三氯甲烷冰乙酸混合液(可加入 0.6%~1%乙醇作稳定剂,防止遇光照被氧化分解)使样品完全溶解。加入 1 mL 饱和碘化钾溶液,塞紧瓶塞并轻轻振摇 1 min,然后在暗处放置 5 min 后取出加水 75 mL 摇匀。用硫代硫酸钠标准溶液滴定至淡黄色,加入 1 mL淀粉指示剂,继续滴定至蓝色消失为滴定终点,记录消耗硫代硫酸钠溶液的体积。同时作一空白试验。

$$过氧化值=\frac{(V-V_1)\times c\times0.126\,9}{m}\times100\%$$

式中:V—样品消耗硫代硫酸钠溶液的体积,mL;

V_1—空白试验消耗硫代硫酸钠溶液的体积,mL;

c—硫代硫酸标准溶液的浓度,mol/L;

m—样品质量,g。

注意事项:

各种仪器在使用前应洗刷干净,防止有杂质污染。

（三）考核评价

考核项目	评价标准	
配制实验试剂	正确配制硫代硫酸钠标准溶液	（10分）
	正确配制饱和碘化钾溶液	（10分）
	正确配制三氯甲烷冰乙酸混合液	（10分）
	正确配制1%淀粉指示剂	（10分）
硫代硫酸钠标准溶液的配制与标定	正确进行滴定操作	（10分）
	能够将溶液滴定至亮绿色	（10分）
测定过氧化值	正确进行滴定及各种操作	（20分）
	能够进行滴定终点判定	（10分）
实验数据计算	正确对实验数据进行计算	（10分）

【知识链接】

油脂中的不饱和脂肪酸在空气中发生自动氧化，产生的过氧化物不稳定进一步分解为低级脂肪酸和醛、酮，使得油脂产生臭味，并且变黏稠。油脂氧化酸败的程度可由过氧化值反映，过氧化值是用每千克油脂中活性氧的毫摩尔数表示，过氧化值越高说明油脂发生自动氧化生成的过氧化物量越多。酸败的油脂不仅风味变劣、营养价值下降，长期食用还可以引起呕吐、腹泻、严重者引起肝脏肿大。油脂氧化后生成的过氧化物、醛、酮等氧化能力较强，能将碘化钾氧化成游离碘，可用硫代硫酸钠来滴定。

三、思考与练习题

什么是油脂的过氧化值？

任务十一　油脂皂化价的测定

【知识目标】

了解皂化的含义及测定皂化价的意义。

【能力目标】

熟练掌握皂化价测定的原理、方法和技术。

一、任务准备

(一)仪器

(1)锥形瓶(250 mL、耐碱、磨口);
(2)滴定管(50 mL);
(3)天平(感量 0.001 g);
(4)回流冷凝管;
(5)恒温水浴锅;
(6)量筒;
(7)烧杯;
(8)玻璃珠。

(二)材料

1. 试剂

(1)精馏乙醇;

(2)中性乙醇;

(3)氢氧化钾乙醇溶液[$c(KOH)=0.5$ mol/L];

(4)盐酸标准溶液[$c(HCl)=0.5$ mol/L];

(5)酚酞指示剂(10 g/L)。

2. 样品

植物油。

二、任务实施

(一)试剂制备

1. 精馏乙醇制备

称取硝酸银 2 g,加水 3 mL,注入 1 L 乙醇中,剧烈振荡。另称取氢氧化钾 3 g,溶于 15 mL 热乙醇中,冷却后注入主液,充分摇动,静置 1～2 周,待澄清后吸取清液蒸馏。

2. 中性乙醇制备

以酚酞为指示剂,用 0.1 mol/L 氢氧化钾溶液中和至中性。

3. 氢氧化钾乙醇溶液[$c(KOH)=0.5$ mol/L]制备

称取氢氧化钾 30 g,溶于 95%乙醇,并定容至 1 000 mL,摇匀,静置 24 h 后倾出上层清液,贮存于装有苏打石灰球管的玻璃瓶中。

(二)皂化

(1)准确称取混匀试样 2 g,注入锥形瓶中,加入 25 mL 0.5 mol/L 氢氧化钾乙醇溶液;

(2)在锥形瓶上接上冷凝管,在水浴上煮沸约 30 min(不时摇动),煮至溶液清澈透明后，停止加热；

(3)取下锥形瓶，用 10 mL 中性乙醇冲洗冷凝管下端，加酚酞指示剂 5～6 滴，趁热用 0.5 mol/L 盐酸标准溶液滴定至红色消失为止；

(4)在同样条件下做一空白试验。

(三)结果计算

$$皂化价=\frac{(V_2-V_1)\times c\times 56.1}{m}$$

式中：V_2—空白实验所消耗的盐酸标准溶液体积，mL；

V_1—样品实验所消耗的盐酸标准溶液的体积，mL；

c—盐酸标准溶液的浓度，mol/L；

m—样品的质量，g；

56.1—氢氧化钾的毫摩尔质量。

注意事项：

(1)试样应澄清无显著杂质，否则，在测定前应加以过滤；

(2)试样的用量应视皂化价的大小而定，一般要求试样的质量调整到滴定试样所耗盐酸溶液约为滴定空白所耗盐酸溶液的 45%～55%；

(3)皂化完毕，应趁热迅速滴定；

(4)滴定过程中如溶液出现浑浊，可补加适当数量的无水乙醇，再进行滴定。

三、考核评价

考核项目	评价标准	
仪器连接	能够正确连接蒸馏装置	(30 分)
皂化、滴定	正确进行皂化操作且皂化充分、滴定准确	(40 分)
结果计算	正确运用公式计算	(30 分)

四、思考与练习题

1. 什么叫皂化价？测定皂化价有什么意义？

2. 皂化完毕，为什么要用盐酸滴定？

【知识链接】

脂肪的碱水解称皂化作用。皂化 1 g 脂肪所需碱(KOH)的毫克数，称为皂化价。脂肪的皂化价与相对分子质量成反比，由皂化价的数值可知混合脂肪的平均相对分子质量。

脂肪与氢氧化钾乙醇溶液共热时，发生皂化反应，剩余的碱可用标准酸液进行滴定，从而可计算出皂化脂肪所需的氢氧化钾毫克数。反应式如下：

$$RCOOH + KOH \rightarrow RCOOK + H_2O$$

$$C_3H_5(COOR)_3 + 3KOH \rightarrow 3RCOOK + C_3H_5(OH)_3$$

$$KOH(\text{过剩的}) + HCl \rightarrow KCl + H_2O$$

任务十二　油脂中不皂化物的测定

【知识目标】

了解区分皂化物和不皂化物的含义。

【能力目标】

了解并掌握分离、测定不皂化物的原理、方法和技术。

一、任务准备

(一)仪器

(1)锥形瓶(250 mL)；　(2)冷凝管；

(3)恒温水浴锅；　(4)分液漏斗(250 mL)；

(5)量筒(50 mL)；　(6)索氏抽提器(抽提瓶 250 mL)；

(7)天平(感量 0.000 1 g)；　(8)烧杯。

(二)材料

1. 试剂

(1)1.0 mol/L 氢氧化钾乙醇溶液；　(2)0.5 mol/L 氢氧化钾水溶液；

(3)乙醇、乙醚；　(4)中性乙醚乙醇混合液(2∶1)。

2. 样品

植物油。

二、任务实施

(一)皂化、分离、滴定

(1)称取试样 5 g,注入锥形瓶中,加 1.0 mol/L 氢氧化钾乙醇溶液 50 mL,连接冷凝管,在水浴锅上煮沸回流约 30 min,煮到溶液清澈透明为止。

(2)用 50 mL 水将皂化液转移入分液漏斗中,加入 50 mL 乙醚,趁温热时猛烈摇动 1 min 后,静置分层。将下层皂化溶液放入另一分液漏斗中,用乙醚提取两次,每次 50 mL。合并乙醚提取液,加水 20 mL 轻轻旋摇,待分层后,再用水洗涤两次,每次 20 mL,猛烈振摇。

(3)乙醚提取液先后再用 0.5 mol/L 氢氧化钾水溶液和水 20 mL,充分振摇洗涤一次,反复洗涤两次后,用水洗至加酚酞指示剂时不显红色为止。

(4)将乙醚提取液转移至提恒重的脂肪抽提器的抽提瓶中,在水浴上回收乙醚后,于 105℃箱中烘 1 h,冷却,称量,再烘 30 min,直至质量不变为止。将称量后的残留物溶于 30 mL 中性乙醚乙醇中,用 0.02 mol/L 氢氧化钾溶液滴定至粉红色。

(二)结果计算

次序	1	2	3
试样的质量/g			
残留物质量/g			
氢氧化钾溶液浓度/(mol/L)			
滴定前体积/mL			
滴定后体积/mL			
滴定消耗总体积/mL			

不皂化物质量分数的计算公式:

$$\text{不皂化物}=100\%\times\frac{(m_1-0.282\times c\times V)}{m}$$

式中:m_1—残留物质量,g;

m—试样质量,g;

V—滴定所消耗的氢氧化钾溶液的体积,mL;

c—氢氧化钾溶液的浓度,mol/L;

0.282—每毫摩尔油酸质量,g/mmol。

双实验结果允许差不超过 0.2%,求其平均数,即为测定结果。测定结果取小数点后一位。

注意事项：

(1)最初用乙醚提取时，溶液的碱性很强会成乳浊成，可滴加几滴 1 mol/L 盐酸使分层清晰；

(2)所用分液漏斗的活塞上不宜涂凡士林润滑剂，在合并 3 次乙醚提取液时，应从分液漏斗上口倒出，不宜从活塞处放出；

(3)在稀的皂液中会有脂肪酸残留。所以，在称量不皂化物后，必须将残留物溶于中性乙醚乙醇中，测定脂肪酸的质量。在结果计算中从残留物质量中扣去这部分质量。

三、考核评价

考核项目	评价标准	
仪器连接	正确连接皂化装置	(10 分)
皂化	正确进行皂化操作且皂化充分	(10 分)
萃取	能够正确进行萃取操作	(30 分)
烘干、称重	能够正确回收乙醚、不皂化物烘干和称重	(30 分)
结果计算	正确运用公式计算	(20 分)

四、思考与练习题

1. 什么是不皂化物？
2. 如何将皂化物和不皂化物分离？
3. 如何回收乙醚？

【知识链接】

(1)不皂化物是指油脂皂化时与碱不起作用的、不溶于水但溶于醚的物质。不皂化物包括甾醇、高分子脂肪醇、碳氢化合物、蜡、色素和维生素等，其中最重要组成部分是甾醇。一般植物油中约含 1%的不皂化物。

(2)将油脂与碱醇溶液共热皂化，用乙醚萃取不皂化物，与皂化物分离，蒸去乙醚后即得不皂化物。

任务十三 油脂碘价的测定

【知识目标】

了解碘价的含义和碘价测定的意义。

【能力目标】

了解并掌握碘价测定的原理、方法和技术。

一、任务准备

(一)仪器

(1)分析天平(感量 0.1 mg);

(2)玻璃称量皿(与试样量适宜并可置入锥形瓶中);

(3)锥形瓶(容量 500 mL 具塞并完全干燥)。

(二)材料

1. 试剂

本实验所列试剂均为分析纯,水为蒸馏水。

(1)碘化钾溶液(100 g/L、不含碘酸盐或游离碘);

(2)淀粉溶液;

(3)硫代硫酸钠标准溶液(0.1 mol/L、标定后 7 d 内使用);

(4)溶剂(环己烷和冰乙酸等体积混合液);

(5)韦氏碘液(含一氯化碘的乙酸溶液)。

2. 样品

植物油。

二、任务实施

(一)试剂制备

1. 淀粉溶液制备

将 5 g 可溶性淀粉在 30 mL 水中混合,加此混合液于 1 000 mL 沸水中煮沸 3 min 并冷却。

2. 硫代硫酸钠标准溶液(0.1 mol/L)制备

(1)配制:加热 500 mL 纯水至沸,并保持 15 min 左右,冷却待用。称取所需量

的 $Na_2S_2O_3 \cdot 5H_2O$、0.1 g Na_2CO_3，用已冷却的沸水溶解、搅拌，待试剂溶解后转移到已洗至纯水的棕色试剂瓶中，加纯水保持总体积为 500 mL。

(2)标定：准确称取 3 份 0.1～0.15 g $K_2Cr_2O_7$，分放在 250 mL 带塞锥形瓶中，加少量水，使其溶解，加 1 g KI，8 mL 6 mol/L HCl，塞好塞子后充分混匀，在暗处放 5 min。稀释至 100 mL，用 $Na_2S_2O_3$ 标准溶液滴定。当溶液由棕红色变为淡黄色时，加 2 mL 5 g/L 淀粉，边旋摇锥形瓶边滴定至溶液蓝色刚好消失即到达终点。

标定后 7 d 内使用。

3. 韦氏碘液制备

称 9 g 三氯化碘溶解在 700 mL 冰乙酸和 300 mL 环己烷的混合液中。取5 mL 上述溶液加 5 mL 碘化钾溶液和 30 mL 水，用几滴淀粉溶液作指示剂，用 0.1 mol/L 硫代硫酸钠标准溶液滴定析出的碘，滴定体积 V_1。

加 10 g 纯碘于试剂中，使其完全溶解。如上法滴定，得 V_2。V_2/V_1 应大于 1.5，否则可稍加一点纯碘直至 V_2/V_1 略超过 1.5。

待溶液静置后将上层清液倒入具塞棕色试剂瓶中，避光保存，此溶液在室温下可保存几个月。

(二)测定

(1)称样 0.20 g。

(2)将称好试样的称量皿放入 500 mL 锥形瓶中，加入 20 mL 溶剂溶解试样，准确加入 25 mL 韦氏碘液盖好塞子，摇匀后将锥形瓶置于暗处。

同样用溶剂和韦氏碘液制备空白但不加试样。

对碘价低于 150 的样品锥形瓶应在暗处放置 1 h，碘价高于 150 和已经聚合的物质或氧化到相当程度的物质，应置于暗处 2 h。

(3)反应时间结束后加 20 mL 碘化钾溶液和 150 mL 水。

用标定的硫代硫酸钠标准溶液滴定至浅黄色。加几滴淀粉溶液继续滴定，直到剧烈摇动后蓝色刚好消失。

同一试样进行两次测定。

(三)结果计算

碘价按每 100 g 样品吸收碘的克数表示时由下式计算：

$$\text{碘价}=12.69\times c\times\frac{(V_1-V_2)}{m}$$

式中：c— 硫代硫酸钠溶液的标定浓度，mol/L；

V_1— 空白试验所用硫代硫酸钠标准溶液的体积，mL；

V_2— 测定所用硫代硫酸钠标准溶液的体积，mL；

m— 试样的质量，g。

三、考核评价

考核项目	评价标准	
试剂制备	正确完成淀粉溶液制备	(10分)
	正确完成硫代硫酸钠标准溶液配制与标定	(30分)
	正确完成韦氏碘液制备	(30分)
测定操作	准确称样、溶解、反应处理、滴定	(20分)
结果计算	正确运用公式计算	(10分)

四、思考与练习题

1. 在碘价测定实验中，用 $Na_2S_2O_3$ 滴定析出的 I_2 时，何时加入淀粉指示剂？为什么？

2. 什么叫加成反应？

3. 简述测定碘价的原理及方法。

【知识链接】

(1)碘价就是在油脂上加成的卤素的质量(以碘计)，即每 100 g 油脂所能吸收碘的质量(以克计)。碘价也称为碘值。植物油脂中所包含的脂肪酸有不饱和脂肪酸与饱和脂肪酸之分，而其中的不饱和脂肪酸无论在游离状态或与甘油结合成甘油酯时，都能在双键处与卤素起加成反应，因而可以吸收一定数量的卤素。由于组成每种油脂的各种脂肪酸的含量都有一定的范围，因此，油脂吸收卤素的能力就成为它的特征常数之一。碘价的大小在一定范围内反映了油脂的不饱和程度，碘价大说明其组成中不饱和脂肪酸含量高或不饱和程度高。根据油脂的碘价，可以判定油脂的干性程度。例如，碘价大于 130 的为干性油，可用作油漆；碘价小于 100 的为不干性油；碘价在 100～130 之间的为半干性油。各种油脂的碘价大小和变化范围是一定的，例如大豆油碘价一般为 123～142，花生油碘价为 80～106，因此，通过测定油脂的碘价，有助于了解它们的组成是否正常、有无掺杂使假等。而在油脂氢化制作起酥油的过程中，还可以根据碘价来计算油脂氢化时所需要的氢量，并检查油脂的氢化程度。所以碘价的测定在油脂日常检测中具有重要意义。

(2)测定碘价时将试样溶于惰性有机溶剂中,加入过量的氯化碘的冰醋酸溶液(韦氏碘液)与油脂中的不饱和脂肪酸起加成反应,生成饱和的卤素衍生物,再加入过量的碘化钾与剩余的氯化碘作用而生成游离碘,再用硫代硫酸钠标准溶液滴定游离的碘。

任务十四 食品中氨基酸态氮的测定

【知识目标】

了解氨基酸态氮含义及测定氨基酸态氮的意义。

【能力目标】

了解并掌握测定黄酒、酱油等食品中氨基酸态氮的原理、方法和技术。

一、任务准备

(一)仪器

(1)锥形瓶(250 mL);
(2)烧杯(200 mL);
(3)容量瓶(100 mL);
(4)碱式滴定管;
(5)酸度计。

(二)材料

1. 试剂

(1)40%中性甲醛溶液(以百里酚酞作指示剂,用氢氧化钠将40%甲醛中和至淡蓝色);

(2)百里酚酞乙醇溶液(1 g/L);

(3)中性红50%乙醇溶液(1 g/L);

(4)氢氧化钠标准溶液(0.1 mol/L);

(5)20%中性甲醛;

(6)氢氧化钠标准溶液(0.05 mol/L)。

2. 样品

果酒、黄酒、酱油等。

二、任务实施

(一)双指示剂甲醛滴定法

(1)移取含氨基酸 20～30 mg 的样品溶液置于 250 mL 锥形瓶中,加 50 mL 蒸馏水,再加入中性红 50%乙醇溶液(1 g/L)2～3 滴,用 NaOH 标准溶液(0.1 mol/L)滴定至由红色变为琥珀色为终点,记录消耗碱液的用量(mL)。

(2)移取含氨基酸 20～30 mg 的样品溶液置于 250 mL 锥形瓶中,加 50 mL 蒸馏水,再加入百里酚酞乙醇溶液(1 g/L)3 滴和 40%中性甲醛溶液 20 mL,摇匀,静置 1 min,用 NaOH 标准溶液(0.1 mol/L)滴定至淡蓝色为终点,记录消耗碱液的用量(mL)。

(3)结果计算

$$氨基酸态氮含量=\frac{(V_2-V_1)\times c\times 0.014\times 100\%}{m}$$

式中:c—氢氧化钠标准溶液的浓度,mol/L;

V_1—用中性红作指示剂滴定时消耗 NaOH 标准溶液体积,mL;

V_2—用百里酚酞作指示剂滴定时消耗 NaOH 标准溶液体积,mL;

m—测定用样品溶液相当于样品的质量,g;

0.014—氮的毫摩尔质量,g/mmol。

(二)电位滴定法

(1)吸取含氨基酸 20 mg 的样品溶液置于 100 mL 容量瓶中,加水至刻度线,混匀得到 A 溶液。

(2)吸取 A 溶液 20 mL 置于 200 mL 烧杯中,加水 60 mL,开动磁力搅拌器,用 NaOH 标准溶液(0.05 mmol/L)滴定至酸度计指示 pH=8.2,得到 B 溶液,并记录 NaOH 标准溶液(0.05 mmol/L)的消耗量。

(3)向 B 溶液中加入 10 mL 20%中性甲醛溶液,混匀,然后用 NaOH 标准溶液(0.05 mmol/L)继续滴定至 pH=9.2,并记录 NaOH 的消耗量。

(4)同时取 80 mL 蒸馏水置于另一 200 mL 烧杯中,用 NaOH 标准溶液(0.05 mmol/L)调节至 pH=8.2,再加入 10 mL 20%中性甲醛溶液,用 NaOH 标准溶液(0.05 mmol/L)滴定至 pH=9.2,做空白试验。

(5)结果计算

$$氨基酸态氮含量=\frac{(V_1-V_2)\times c\times 0.014\times 100\%}{m\times \frac{20}{100}}$$

式中：V_1—试样稀释液加入甲醛后滴定至终点(pH 9.2)消耗 NaOH 标准溶液的体积，mL；

V_2—空白试验加入甲醛后滴定至终点(pH 9.2)消耗 NaOH 标准溶液的体积，mL；

c—氢氧化钠标准溶液的浓度，mol/L；

m—测定吸取的试样溶液相当于试样的质量，g；

0.014—氮的毫摩尔质量，g/mmol。

三、考核评价

考核项目	评价标准	
甲醛滴定法	正确移取样品溶液	(5分)
	各种试剂、溶液添加操作规范	(10分)
	滴定准确	(20分)
	正确运用公式计算	(10分)
电位滴定法	正确移取样品溶液	(5分)
	各种试剂、溶液添加操作规范	(10分)
	正确使用酸度计	(10分)
	滴定准确	(20分)
	正确运用公式计算	(10分)

四、思考与练习题

1. 什么是氨基酸态氮？
2. 为什么不能用氢氧化钠标准溶液直接滴定氨基酸？
3. 比较一下双指示剂甲醛滴定法和电位滴定法有什么区别。

【知识链接】

(1)氨基酸态氮指的是以氨基酸形式存在的氮元素的含量，它是判断发酵产品如酱油、料酒、酿造醋等发酵程度的重要指标，该指标越高，说明产品中的氨基酸含量越高，营养价值越高。对于酱油来说，该指标越高，也说明酱油鲜味越浓。我国食品卫生标准规定酱油氨基酸态氮含量不得低于0.4%。

(2)双指示剂甲醛滴定法原理：氨基酸具有酸性的—COOH 基和碱性的—NH_2基。它们相互作用使氨基酸成为中性的内盐，故不能用氢氧化钠标准溶液直接滴定。当加入甲醛溶液时，$—NH_2$基与甲醛结合，从而使其碱性消失。这样就可以用强碱标准溶液来滴定—COOH基，并用间接的方法测定氨基酸的总量。

在发酵工业中常用此法测定发酵液中氨基酸含量的变化，以了解可被微生物利用的氮源的量及利用情况，并以此作为控制发酵生产的指标之一。

(3)电位滴定法原理：根据氨基酸的两性作用，加入甲醛以固定氨基的碱性，使羧基显示出酸性，将酸度计的玻璃电极及甘汞电极同时插入被测液中构成电池，用氢氧化钠标准溶液滴定，依据酸度计指示的pH判断和控制滴定终点。

任务十五 食品中挥发酸的测定

【知识目标】

了解食品中总酸、挥发酸含义。

【能力目标】

了解并掌握测定挥发酸的原理、方法和技术。

一、任务准备

(一)仪器

(1)水蒸气蒸馏装置； (2)电磁搅拌器。

(二)材料

1.试剂

(1)0.1 mol/L NaOH标准溶液；

(2)1%酚酞乙醇溶液；

(3)10%磷酸溶液(称取10.0 g磷酸，用少许无CO_2蒸馏水溶解并稀释至100 mL)。

2.样品

酒类、饮料、果品蔬菜等。

二、任务实施

(一)样品处理

1.一般果蔬及饮料

可直接取样。

2. 含CO_2的饮料、发酵酒类

须排除CO_2，方法是取80～100 mL(g)样品于锥形瓶中，在用电磁搅拌器的同时，于低真空下抽气2～4 min以除去CO_2。

3. 固体样品(如干鲜果蔬及其制品)及冷冻、黏稠等制品

先取可食部分加入定量水(冷冻制品须先解冻)，用高速组织捣碎机捣成浆状，再称取处理样品10 g，加无CO_2蒸馏水溶解并稀释至25 mL。

(二)测定

1. 样品蒸馏

取25 mL经上述处理的样品移入蒸馏瓶中，加入25 mL无CO_2蒸馏水和1 mL 10%H_3PO_4溶液，加热蒸馏至馏出液约30 mL为止(图3-7)。于相同条件下作空白实验。

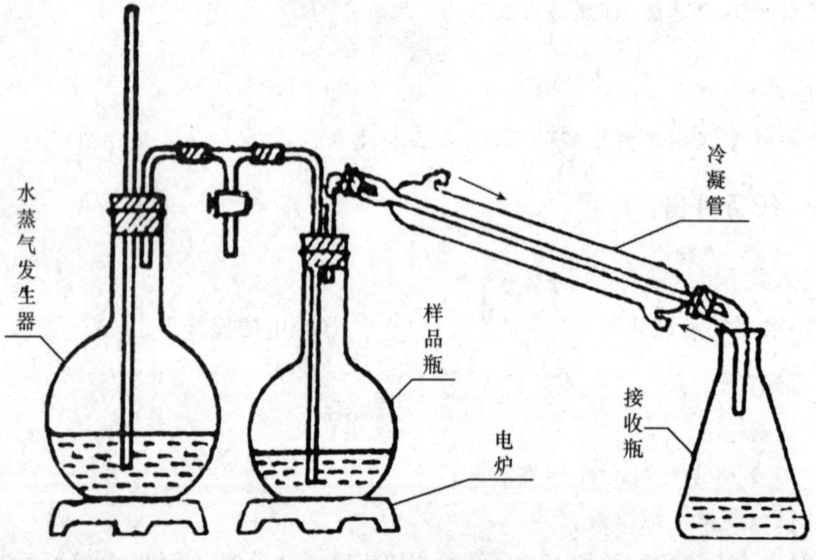

图3-7 水蒸气蒸馏装置图

2. 滴定

将馏出液加热至60～65℃(不可超过)，加入3滴酚酞指示剂，用0.1 mol/L NaOH标准溶液滴定到溶液为微红色30 s不褪色即为终点。

(三)结果计算

食品中总挥发酸通常以醋酸的质量百分数表示，计算公式如下：

$$挥发酸[以醋酸计,g/100\ g(mL)]=0.06\times100\%\times\frac{(V_1-V_2)\times c}{m}$$

式中：m—样品质量或体积，g 或 mL；

V_1—样液滴定消耗标准 NaOH 的体积，mL；

V_2—空白滴定消耗标准 NaOH 的体积，mL；

c—标准 NaOH 溶液的浓度，mol/L；

0.06—换算为醋酸的系数，即 1 mmol 氢氧化钠相当于醋酸的克数。

注意事项：

(1)蒸馏前蒸汽发生瓶中的水应先煮沸 10 min，以排除其中的 CO_2，并用蒸汽冲洗整个蒸馏装置。

(2)整套蒸馏装置的各个连接处应密封，切不可漏气。

(3)滴定前将馏出液加热至 60～65℃，使其终点明显，加快反应速度，缩短滴定时间，减少溶液与空气的接触，提高测定精度。

三、考核评价

考核项目	评价标准	
样品处理	正确进行含 CO_2 样品处理	(20 分)
	正确进行固体样品处理	(20 分)
样品蒸馏	正确连接仪器	(10 分)
	准确完成蒸馏过程	(10 分)
滴定	滴定正确、终点判断准确	(20 分)
结果计算	正确运用公式计算	(20 分)

四、思考与练习题

1. 食品的挥发酸主要有哪些成分？如何测定食品中的挥发酸含量？

2. 测定挥发酸前，为什么要去除 CO_2？

【知识链接】

(1)挥发酸是食品中含低碳链的直链脂肪酸，主要是醋酸和痕量的甲酸、丁酸等，不包括可用水蒸气蒸馏的乳酸、琥珀酸、山梨酸及 CO_2 和 SO_2 等。正常生产的食品中，其挥发酸的含量较稳定，若在生产中使用了不合格的原料，或违背正常的工艺操作，则会由于糖的发酵而使挥发酸的含量增加，降低了食品的品质，因此，挥发酸的含量是某些食品的一项质量控制指标。

(2)总挥发酸可用直接法或间接法测定。直接法是通过水蒸气蒸馏或溶剂萃取把挥发酸分离出来，然后用标准碱滴定。间接法是将挥发酸蒸发排除后，用标准碱滴定不挥发酸，最后从总酸度中减去不挥发酸即为挥发酸含量。前者操作方便，较常用，适用于挥发酸含量较高的样品。若蒸馏液有所损失或被污染，或样品挥发酸含量较少，宜用后者。

任务十六　白酒中总酯的测定

【知识目标】

了解白酒中酯的种类和作用。

【能力目标】

了解并掌握测定白酒总酯的原理、方法和技术。

一、任务准备

(一)仪器

(1)锥形瓶；
(2)冷凝管；
(3)沸石或玻璃珠；
(4)碱式滴定管；
(5)酸式滴定管；
(6)恒温水浴锅。

(二)材料

1. 试剂

(1)氢氧化钠标准滴定溶液[$c(NaOH)=0.1$ mol/L]；
(2)氢氧化钠标准溶液[$c(NaOH)=3.5$ mol/L]；
(3)硫酸标准滴定溶液[$c(1/2H_2SO_4)=0.1$ mol/L]；
(4)乙醇(无酯)溶液[40%(体积分数)]；
(5)酚酞指示剂(10 g/L)。

2. 样品

白酒。

二、任务实施

(一)试剂制备

1. 硫酸标准滴定溶液[$c(1/2H_2SO_4)$=0.1 mol/L]配制与标定

配制：按表3-1的规定量取3 mL硫酸，缓缓注入1 000 mL水中，冷却，摇匀，待标定。

表3-1　硫酸标准滴定溶液的配制

硫酸标准滴定溶液的浓度[$c(1/2H_2SO_4)$]/(mol/L)	硫酸的体积 V/mL
1	30
0.5	15
0.1	3

标定：按表3-2的规定称取于270～300℃高温炉中灼烧至恒重的工作基准试剂无水碳酸钠，溶于50 mL水中，加10滴溴甲酚绿—甲基红指示液，用配好的硫酸溶液滴定至溶液由绿色变为暗红色，煮沸2 min，冷却后继续滴定至溶液再呈暗红色。同时做空白试验。

表3-2　硫酸标准滴定溶液的标定

硫酸标准滴定溶液的浓度[$c(1/2H_2SO_4)$]/(mol/L)	工作基准试剂无水碳酸钠的质量 m/g
1	1.9
0.5	0.95
0.1	0.2

硫酸标准滴定溶液的浓度[$c(1/2H_2SO_4)$]，数值以摩尔每升(mol/L)表示，按下式计算：

$$c=\frac{m\times 100}{(V_1-V_2)\times M}$$

式中：m—无水碳酸钠的质量的准确数值，g；

V_1—硫酸溶液的体积的数值，mL；

V_2—空白试验硫酸溶液的体积的数值，mL；

M—无水碳酸钠的摩尔质量的数值，g/mol，[$M(1/2Na_2CO_3)=52.994$]。

2. 乙醇（无酯）溶液[40%（体积分数）]制备

量取95%乙醇600 mL于1 000 mL回流瓶中，加入3.5 mol/L氢氧化钠标准溶液5 mL，加热回流皂化1 h。然后移入蒸馏器中重蒸，再配成40%（体积分数）乙醇溶液。

（二）总酯测定

吸取酒样50.0 mL于250 mL锥形瓶中，加2滴酚酞指示剂，以氢氧化钠标准滴定溶液至粉红色（切勿过量），记录消耗氢氧化钠标准滴定溶液的毫升数（也可作为总酸含量计算）。再准确加入氢氧化钠标准滴定溶液25.0 mL（若样品总酯含量高时，可加入50.0 mL），摇匀，放入几颗沸石或玻璃珠，装上冷凝管（冷却水温度宜低于15℃），于沸水浴上回流30 min（溶液沸腾时，冷凝管滴下第一滴冷凝液开始计时），取下，冷却。然后，用硫酸标准滴定溶液进行滴定，使微红色刚好完全消失为其终点，记录消耗硫酸标准滴定溶液的体积。同时吸取乙醇（无酯）溶液50.0 mL，按上述方法同样操作做空白试验，记录消耗硫酸标准滴定溶液的体积（图3-8）。

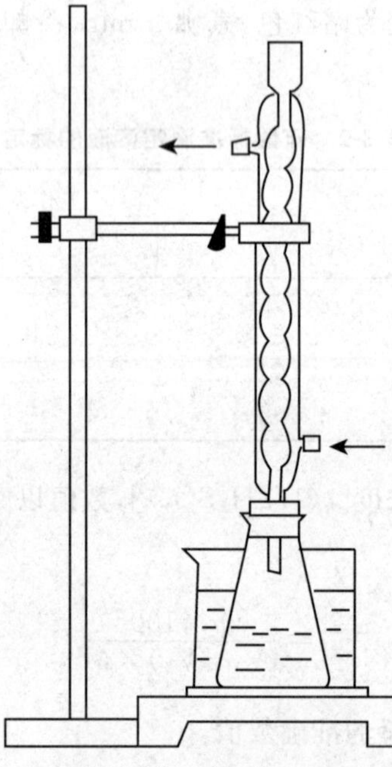

图3-8 回流皂化装置

(三)结果计算

样品中的总酯含量计算:

$$X=\frac{c\times(V_0-V_1)\times 88}{50.0}$$

式中:X—样品中总酯的质量浓度(以乙酸乙酯计),g/L;

c—硫酸标准滴定溶液的实际浓度,mol/L;

V_0—空白试验样品消耗硫酸标准滴定溶液的体积,mL;

V_1—样品消耗硫酸标准滴定溶液的体积,mL;

88—乙酸乙酯的摩尔质量的数值,g/mol,[$M(CH_3COOC_2H_5)=88$];

50.0—吸取样品的体积,mL。

所得结果应表示至两位小数。

精密度:在重复性条件下获得的两次独立测定结果的绝对差值,不应超过平均值的2%。

注意事项:

新白酒分析方法与老方法在测定总酸、总酯方面出现一些变化。

(1)总酯的测定增加了空白试验。在测定过程中,新方法通过使用乙醇(无酯)溶液空白校正,有效地减小了系统误差,使结果更趋真实。

(2)总酯测定的结果计算式中,去掉了氢氧化钠标准滴定浓度。

(3)硫酸标准滴定溶液[$c(1/2H_2SO_4)=0.1$ mol/L]采用直接标定法。

(4)新标准中对冷凝水的温度有了明确的要求,应低于15℃。

(5)新标准中测定的平行误差不应超过平均值的2%,原标准中规定同一样品两次测定值之差不得超过0.006 g/L。

三、考核评价

考核项目	评价标准	
试剂制备	正确完成硫酸标准滴定溶液[$c(1/2H_2SO_4)=0.1$ mol/L]配制与标定	(40分)
	正确完成乙醇(无酯)溶液[40%(体积分数)]制备	(20分)
滴定、皂化	正确进行氢氧化钠标准滴定溶液滴定	(10分)
	正确连接回流皂化装置、皂化充分	(10分)
	正确进行硫酸标准滴定溶液滴定	(10分)
结果计算	正确运用公式计算	(10分)

四、思考与练习题

1. 白酒中酯类主要有哪些？在白酒中起什么作用？

2. 测定白酒总酯的原理是什么？

3. 测定白酒总酯时为什么要加两次氢氧化钠标准滴定溶液？

【知识链接】

（1）酯类是具有芳香的化合物，在各种香型白酒中起着重要作用，是形成酒体香气浓郁的主要因素，已酸乙酯、乳酸乙酯和乙酸乙酯是白酒的重要香味成分。

（2）用碱中和样品中的游离酸，再准确加入一定量的碱，加热回流使酯类皂化。通过消耗碱的量计算出总酯的含量。

第一次加入氢氧化钠标准滴定溶液是中和样品中的游离酸：

$$RCOOH + NaOH \rightarrow RCOONa + H_2O$$

第二次加入氢氧化钠标准滴定溶液是与样品中的酯起皂化反应：

$$RCOOR' + NaOH \rightarrow RCOONa + R'OH$$

加入硫酸标准滴定溶液是中和皂化反应完全后剩余的碱：

$$H_2SO_4 + 2NaOH \rightarrow Na_2SO_4 + 2H_2O$$

实训项目四　称量分析技术

【知识目标】

了解称量分析技术的基本原理、要领。

【能力目标】

熟练掌握基本的称量操作技术。

任务一　水分含量的测定

【知识目标】

了解常压干燥法测定水分的原理。

【能力目标】

1. 掌握食品中水分的测定方法；
2. 熟练烘箱的使用、天平称量以及恒重等的基本操作。

一、任务准备

(一)仪器

(1)分析天平；

(2)研钵；

(3)带盖铝皿；

(4)电热恒温干燥箱 200℃；

(5)刀；

(6)广口试剂瓶；

(7)量筒；

(8)天平；

(9)锥形瓶；

(10)称量瓶。

（二）样品

（1）淀粉类食品或面包；（2）乳粉等。

二、任务实施

（一）淀粉原料水分测定（以面包为例）

1. 样品的准备

（1）取半块面包准确称量后，记录下重量，精确至 0.001 g，然后将面包切成厚 2～3 mm 的薄片平摊于纸上，置于室温中，风干 15～20 h 直至该样品为平衡水分，称重。

（2）研磨样品，使其通过 20 目筛，充分混合，并保存于密封的广口试剂瓶中，按照测定方法测定该磨细的样品的水分。

2. 实验步骤

（1）准备干燥箱。

（2）准备烘箱。温度控制在(130±2)℃。

（3）准备培养皿。将铝皿连同皿盖清洗干净，置于(130±2)℃电热恒温干燥箱中，加热 1 h 左右，加盖取出，置于干燥器冷却至室温，称量（准确到 0.001 g）。

然后取出于分析天平称重并记录。重复操作至恒重。

（4）测定水分。

①用已恒重的称量皿，准确称取已磨细的样品 5 g，精确至 0.001 g。

②将盛有样品的称量皿置(130±2)℃电热恒温干燥箱中（铝盖斜支于铝皿口边）干燥 1 h，取出加盖，但不要盖紧，置于干燥器中冷却 25～30 min，将盖子盖紧，与分析天平中称重并做好记录。

③再将称量皿置于(130±2)℃电热恒温干燥箱中干燥 1 h 后，加盖取出，于干燥器中冷却 25～30 min 后进行第二次称量并做好记录，反复加热 1 h，直至连续两次质量相差不超过 0.002 g 为止，即为恒重，以最小称量值为准。

注：含水量大于 20％的试样，试样称量后先置于 70～85℃的鼓风电热恒温干燥箱内，加热2～4 h，然后升温至(103±2)℃，再按上述步骤操作。

每次测定取双样进行平行测定。

（5）计算。食品中的水分含量以质量百分率表示，按照下式计算：

$$\text{水分含量}=\frac{m_1-m_2}{m}\times 100\%$$

式中：m_1—试样和铝皿烘烤前的质量，g；

m_2—试样和铝皿烘烤后的质量（恒重），g；

m—试样的质量，g。

计算结果精确至小数点后一位。

注意事项：

(1)测定水分后的样品，可供测灰分含量用。

(2)在测定过程中，称量皿从干燥箱中取出后，迅速放入干燥器中进行干燥。

(3)每次测定至少取双样进行平行测定。

三、考核评价

考核项目	评价标准	
样品准备	正确完成面包风干过程	（10分）
	正确完成样品研磨粉碎，称重记录	（10分）
仪器准备	正确进行干燥箱的准备工作	（10分）
	正确完成称量皿的清洗烘干工作	（10分）
	正确制备平板及进行平板培养	（10分）
水分测定	正确使用分析天平	（10分）
	准确称量样品质量并做好记录	（10分）
	正确判定恒重并做好记录	（10分）
	正确计算水分含量	（20分）

四、思考与练习题

1. 简述食品中水分检测操作要点。
2. 在水分测定时，试分析产生误差的主要原因。
3. 水分测定操作中有哪些注意事项？

【知识链接】

(1)水是食品中重要的组成成分。不同种类的食品，水分含量差别很大，如果控制一定的水分含量，对于保持食品的感官性质、维持食品中其他组分的平衡关系、保证食品具有一定的保存期等均起着重要的作用。

(2)样品的制备依据食品种类、存在状态不同而不同。

①固态样品：必须磨碎，混匀，经20～40目过筛。在磨碎过程中，要防止样品

中水分变化。一般水分含量在14%以下,称为安全水分,即在实验室条件下进行粉碎过筛处理,水分含量一般不会发生变化。但要求动作迅速,制备好的样品存于洁净的磨口瓶中。

②浓稠样品:此类样品加热干燥,表面容易结硬壳焦化,是内部水分蒸发受阻引起的,所以在测定之前,需加入精制海砂或无水硫酸钠,搅拌均匀,以增大蒸发面积。但在测定中,应先准确称样,再加入已知质量并恒重过的精制海砂或无水硫酸钠,搅拌均匀后干燥至恒重。

③液态样品:液态样品若直接置于高温下加热,可能会因为沸腾而造成样品部分损失,所以应该先低温浓缩后,再进行高温干燥。测定时先准确称取样品于已烘干至恒重的蒸发皿中,置于热水浴上蒸发至近干,再移入干燥箱中干燥至恒重。

(3)称量控制。测定时样品的质量一般控制在干燥后的残留物量1.5~3 g,对于水分含量较低的固态、浓稠食品,通常将样品的质量控制在3~5 g,依水分含量增加而增加。对于液态样品则质量控制在15~20 g为宜。

(4)测定水分时,称量恒重是指试样连续两次干燥后,称量之差不超过2 mg。

(5)干燥设备的选择,电热干燥箱有多种形式,一般使用强力循环通风式,其风量大,效率高。一次测定的称量瓶最好8~12个,并排列在隔板的较中心位置。

(6)实验原理,对于水分含量在16%以上对热稳定的样品,以面包为例,样品通常采用两步干燥法进行测定。即首先将样品称出总质量后,在自然条件下风干15~20 h,使其达到安全水分标准(即与大气湿度大致平衡),再准确称重;再将风干样品粉碎、过筛、混匀,贮于洁净干燥的磨口瓶中备用,然后进一步用常压干燥法测定。

任务二　灰分的测定

【知识目标】

了解灰分含义、灰分含量测定原理。

【能力目标】

1. 熟练掌握样品的采集、制备、保存,以及样品的前处理,熟练掌握测定方法;
2. 明确灰分测定中的计算、注意事项。

一、任务准备

（一）仪器

(1)马福炉；　　(2)瓷坩埚；

(3)坩埚钳；　　(4)干燥器；

(5)分析天平；　　(6)电炉；

(7)组织捣碎机；　　(8)烧杯、移液管、滴瓶等。

（二）材料

1. 试剂

(1)1∶4 盐酸溶液；　　(2)8％四水乙酸镁溶液；

(3)0.5％氯化铁与等量蓝墨水混合液。

2. 样品

面粉（或奶粉）。

二、任务实施

（一）试剂准备

(1)1∶4 盐酸溶液。

(2)8％四水乙酸镁。称取 8 g 四水乙酸镁溶于 92 g 水中，混匀。

（二）瓷坩埚的准备

坩埚预处理及恒重：将瓷坩埚用 1∶4 盐酸煮 1～2 h，洗净晾干后，用三氯化铁与蓝黑水的混合液在坩埚外壁及盖上编号，置于 550℃高温炉中灼烧 1 h，移至炉口稍冷，然后取出放入干燥器中冷却至室温（30 min），准确称量（准确至 0.001 g）。再次移入高温炉中灼烧 0.5 h，冷却干燥后称量，如此反复，直到恒量（连续两次称重差不超过 0.5 mg）。此为空坩埚质量，做好记录。

（三）测定步骤

(1)准确称取面粉约 2 g（准确至 0.001 g）于已恒重过的坩埚中，准确加入 3.0 mL 2％醋酸镁酒精溶液，使样品湿润，于水浴上蒸发过剩的酒精。

(2)将坩埚置于电炉上，坩埚盖斜倚在坩埚口，小心炭化至无黑烟，注意控制火候，避免样品着火燃烧，气流带走样品炭粒。

(3)再将坩埚移至 500～600℃温度下的马福炉口处，稍等片刻，再慢慢移入炉膛中，坩埚盖斜倚在坩埚口，关闭炉门，再灼烧约 2 h 至无炭粒。打开炉门，将坩埚移至炉口处稍冷，冷却至红热褪去，再放入干燥器中冷却至室温，30 min 后称重，灰分应呈白色或浅灰色。

(4)再将坩埚置于高温炉中灼烧 30 min，取出冷却、干燥称重，如此重复操作，至达恒重(若残渣中有明显炭粒时，向冷却的坩埚内滴入少许蒸馏水润湿残渣，使结块松散，蒸干水分后再进行灰化，直至灰分中无炭粒)。

(5)同时做一空白试验，另取一已知准确质量的坩埚，准确加入 3.0 mL 2%醋酸镁酒精溶液，在水浴上蒸干，电炉上炭化，再移入 500～600℃温度下的马福炉中灼烧至恒重，并做好记录。计算 3.0 mL 2%醋酸镁酒精溶液带来的灰分含量。

(6)计算

$$\text{灰分含量}=\frac{(m_3-m_1)-(m_5-m_4)}{(m_2-m_1)}\times 100\%$$

式中：m_1—空坩埚质量，g；

m_2—样品加空坩埚质量，g；

m_3—灼烧后样品残灰加空坩埚质量，g；

m_4—空白试验空坩埚的质量，g；

m_5—空白试验灼烧后坩埚的质量，g。

注意事项：

(1)有的样品如面粉等粮食样品是以干物质的灰分来计算的，从总重中减去水分。

(2)高温炉必须放置在稳定的水泥台上。

(3)取加热后的坩埚时，用长柄坩埚钳。

三、考核评价

考核项目	评价标准	
试剂准备	正确完成 8%四水乙酸镁配制	(10 分)
	正确完成 1∶4 盐酸的配制	(10 分)
瓷坩埚准备	正确进行瓷坩埚的准备工作	(10 分)
	正确安全完成瓷坩埚的清洗灼烧称重	(10 分)

续表

考核项目	评价标准	
灰分测定	正确使用分析天平	(10分)
	准确称量样品熟练安全使用马福炉	(10分)
	准确做出空白试验	(10分)
	正确炭化、灰化基本操作方法	(10分)
	正确计算灰分含量	(20分)

四、思考与练习题

1. 马福炉使用过程应注意哪些问题?
2. 为什么把食品经高温灼烧后的残留物称为粗灰分?
3. 面粉中灰分测定有什么意义?

【知识链接】

1. 样品处理

(1)谷物、豆类等固体状样品,一般先粉碎成均匀试样备用。

(2)水分含量高的试样,如果汁、牛乳等,先准确称样于瓷坩埚中,至于水浴上蒸发至近干,再进行炭化、灼烧;也可采用测水分后的残留物做样品。若直接进行炭化、液体沸腾,易造成样品损失。

(3)果蔬、动物性食品,先正确采样,经制备成均匀样品后,再准确称样于瓷坩埚中,置于低温下使水分蒸发至近干,再进行炭化。

2. 原理

把一定量的样品经炭化后放入马福炉内灼烧,使有机物质被氧化分解,以二氧化碳、氮的氧化物及水等形式逸出,而无机物质以无机盐和金属氧化物的形式残留下来,称量残留物的质量即可计算出样品中总灰分的含量。

3. 测定灰分可以评价面粉的加工精度和食品的品质

在面粉加工中,常以总灰分含量评定面粉等级。比如富强粉的灰分含量为0.3%～0.5%;标准粉灰分含量为0.6%～0.9%。

4. 灰分是表示食品中无机成分含量的一项指标

测定灰分具有重要意义。不同的食品,因所用原料、加工方法及测定条件的不同,灰分的组成和含量也不相同,当这些条件确定后,某些食品的灰分常在一定范围内。如果灰分含量超过了正常范围,说明食品生产中使用了不合乎卫生标准要求的原料或食品添加剂，或食品在加工、贮运过程中受到了污染。因此，测定灰分可以判断食品受污染的程度。此外，灰分还可以评价食品的加工精度和食品的品质。总之，灰分是某些食品重要的质量控制指标，是食品成分分析的项目之一。

任务三 索氏提取法（测定脂肪）

【知识目标】

了解索氏提取法测定样品中脂肪含量的原理以及测定食品中脂肪含量的意义和重要性。

【能力目标】

能够准确称量出食品中脂肪含量。

一、任务准备

（一）仪器

（1）索氏脂肪抽取器；（2）刻度管；

（3）烧杯（50 mL）；（4）恒温水浴锅；

（5）脱脂棉；（6）大试管；

（7）滤纸；（8）干燥箱。

（二）材料

1. 试剂

（1）无水乙醚（或石油醚）；（2）石油醚；

（3）无水硫酸钠；（4）石英砂。

2. 样品

午餐肉食品（肉制品、豆制品等均可）。

二、任务实施

（1）索氏提取器的 3 部分洗净、烘干。准确称量烧瓶的质量。

（2）滤纸筒的制备。取 20 cm×8 cm 的滤纸一张，卷在试管上，将一端约 3 cm 纸边摺入，用手紧捏，形成袋底，取出试管，在纸底部衬入一块脱脂棉，并用玻璃棒紧压，备用。

(3)精密称取样品 3～4 g,置于 50 mL 烧杯中,加入无水硫酸钠 8～10 g,再加入 10 g 左右石英砂,用玻璃棒充分搅匀,于 100～105℃烘干 1.5 h,研细,全部移入滤纸筒内,用脱脂棉擦净烧杯,将此棉花也放在滤纸筒中,在筒口覆上脱脂棉。

(4)抽提。将滤纸筒或滤纸包放入索氏抽提器的提取筒内,把提取筒连接已干燥至恒重的脂肪接受瓶,由提取器冷凝管上端加入无水乙醚或石油醚(30～60℃沸程),加量为接受瓶容积的 2/3,通入冷凝水,于恒温水浴上(夏天 65℃,冬天 80℃左右)加热使乙醚或石油醚不断地回流提取,一般视含油量高低提取 6～12 h(如果乙醚挥发太多,不够回流时,可以自冷凝管上端补充乙醚),至抽提完全为止(用滤纸试)。

(5)称重。取下接受瓶,回收乙醚或石油醚,待接收瓶内乙醚剩 1～2 mL,在水浴上蒸干,再于 100～105℃干燥 2 h,取出放干燥器内冷却 30 min,称重,并重复操作至恒重。

(6)结果计算

$$脂肪含量=\frac{m_2-m_1}{m}\times 100\%$$

式中:m_2—接受瓶+脂肪的质量,g;

m_1—接受瓶的质量,g;

m—样品的质量(如为测定水分后的样品质量计),g。

计算结果精确至小数点后一位。

注意事项:

(1)样品干燥研细,放入滤纸筒时,高度不要超过虹吸弯管,否则乙醚不易穿透脂肪,不能提尽,造成误差。

(2)所用乙醚、样品、抽提器要求无水、无醇,否则样品中的水溶性组分抽出,造成误差。

(3)乙醚易燃易爆,挥发乙醚时,切忌明火加热,应用恒温水浴,且提取时水浴温度不可过高,以每分钟从冷凝管滴下 80 滴左右,每小时回流 6～12 次为宜,提取过程注意防火。

(4)提取瓶在烘箱中干燥时,瓶口应侧倒放置,使挥发物易与空气形成对流,干燥较快。

(5)乙醚回收时,烧瓶中会稍残留乙醚,放入烘箱中有可能发生爆炸,所以在水浴上彻底挥发干净,此外,使用乙醚时,应注意室内通风换气。

三、考核评价

考核项目	评价标准	
仪器准备	正确完成索氏提取器清洗、烘干、称量工作	(10分)
	正确完成索氏提取器的安装工作	(10分)
滤纸筒准备	正确进行滤纸筒的准备工作	(10分)
	正确安全完成滤纸筒的摆放及样品研磨	(20分)
脂肪含量测定	正确使用分析天平	(10分)
	准确称量样品熟练索氏提取器组装	(10分)
	正确做好回收乙醚工作	(10分)
	正确计算样品脂肪含量	(20分)

四、思考与练习题

1. 索氏提取器为什么一定要烘干？
2. 为什么放入滤纸筒内的样品不能超过回流弯管？
3. 本实验适合哪些试品测定？

【知识链接】

1. 样品处理

(1)固体样品：精密称取干燥并研细的样品 2～5 g(可取测定水分后的样品)，必要时拌以海砂，无损地移入滤纸筒内；

(2)半固体或液体样品：称取 5.0～10.0 g 于蒸发皿中，加入海砂约 20 g 于沸水浴上蒸干后，再于 95～105℃烘干，用一扁平的玻璃棒不断搅拌，直至松散状、研细，全部移入滤纸筒内，蒸发皿及附有样品的玻璃棒都用沾有乙醚或石油醚的脱脂棉擦净，并将棉花一同放进滤纸筒内。滤纸筒上方用少量脱脂棉塞住。将盛有试样的滤纸筒移入(103±2)℃干燥箱内，干燥 2 h。西式糕点应在(90±2)℃干燥 2 h。

2. 适用范围

此种方法适用于肉制品、豆制品、坚果制品、中西式糕点、谷物油炸食品等食品中粗脂肪的测定。

3. 食品脂类

食品中脂类主要是脂肪和一些脂类，如脂肪酸、磷脂、固醇等。大多数动物性食品及一些植物性食品(果实、种子、果仁等)都含有天然脂肪或类脂化合物。

4.食品脂类含量

在食品加工过程中,原料、半成品、成品的脂类含量对产品的风味、组织结构、品质、外观、口感等都有直接影响。因此,脂肪在食品中的含量是食品质量管理中的一项重要指标。测定食品脂肪的含量,可以用来评价食品的品质,衡量食品的营养价值,而且对实行工艺监督、生产过程的质量管理,研究食品的贮藏方式是否恰当等方面都有重要的意义。

5.实验原理

将粉碎或经前处理、分散且干燥的试样,用无水乙醚或石油醚等溶剂回流提取,使样品中的脂肪进入溶剂中,回流溶剂后所得到的残留物即为脂肪。

任务四　巴布科克法和盖勃法(测定乳脂肪)

【知识目标】

了解鲜乳脂肪的测定原理以及测定乳中脂肪含量的意义和重要性。

【能力目标】

掌握巴布科克氏法测定乳脂肪的操作要点。

一、任务准备

(一)仪器

(1)巴布科克氏乳脂瓶；
(2)标准移液管；
(3)乳脂离心机；
(4)标准量酸器；
(5)水浴。

(二)材料

1.试剂

浓硫酸(比重1.820～1.825)。

2.样品

鲜乳样品。

二、任务实施

(1)用吸管吸取17.6 mL均匀鲜乳(20℃),注入巴布科克氏乳脂瓶中,再用移液管量取 17.6 mL 浓硫酸小心倒入乳脂瓶，沿瓶颈壁缓缓注入瓶中，将瓶颈鲜乳一并洗下，手持瓶颈小心回转摇动 2～3 min，使液体充分混合，至无凝块并呈均匀的棕色。

(2)将乳脂瓶放入乳脂离心机上，以速度约为 1 000 r/min 离心 5 min 后，取出加入 80℃以上的水至瓶颈基部，再置离心机中离心 2 min，取出后置于 80℃水浴中，再加入 80℃以上的水至脂肪浮到 2～3 刻度处，再置离心机中离心 1 min。

(3)取出后将乳脂瓶置 55～60℃水浴中，保温 5 min 左右后，至脂肪柱液面稳定后，立即读取脂肪层最高点与最低点所占的格数，即为样品含脂肪的百分率(读数时以凹液面最高点为准)。

注意事项：

(1)硫酸的浓度及用量应严格遵守方法中规定的要求。

(2)加入浓硫酸时要边摇乳脂瓶边加，以免硫酸局部浓度过高，使牛乳碳化，炭粒上浮并包裹脂肪，使测定结果产生误差。

三、考核评价

考核项目	评价标准	
仪器准备	正确使用移液管	(20 分)
	正确完成鲜乳、浓硫酸的称量，安全加入	(10 分)
离心准备	正确进行离心机的使用，转数设定	(10 分)
	正确安全水浴加热、水分加入	(20 分)
乳脂肪含量测定	准确掌握测定原理、依据	(20 分)
	正确判定乳脂瓶读数	(10 分)
	能够根据如中脂肪含量判定牛乳合格与否	(10 分)

四、思考与练习题

1. 乳脂肪的测定方法有哪几种？
2. 操作过程有哪些注意事项？
3. 实验中加热和离心的目的是什么？

【知识链接】

(1)牛乳中的脂肪含量约为 4%，并且以较小的微粒分散于牛乳中，有利于消化吸收，其中所含的蛋白质属于优质蛋白，还含有大量的钙、磷等无机盐和维生素，营养成分齐全，组成比例合适，是一种理想的天然食品。因此。测定牛乳中的脂肪的含量具有重要的意义。

(2)硫酸的浓度及用量应严格遵守规定的要求。浓度过大会使牛乳炭化成黑色溶液而影响读数；浓度过小，则不能使酪蛋白完全溶解，使测定值偏低或脂肪层浑浊。

(3)浓硫酸在加入时要边摇动乳脂瓶边加，以免硫酸局部浓度过高，使牛乳炭化，使测定结果出现误差。

(4)加热和离心的目的是促进脂肪上浮。

(5)计算解释：方法中采用17.6 mL吸管取样，实际注入瓶中只有17.5 mL，牛乳相对密度平均约为1.03，所以样品质量17.5×1.03＝18 g；而巴氏瓶颈每一大格容积0.2 mL，脂肪的平均相对密度0.9，所以每一大格的脂肪重0.2×0.9＝0.18 g，即每一个相当于脂肪含量为0.18/18＝1%，所以可以直接从瓶颈读出样品中脂肪的百分比。

(6)原理：用浓硫酸溶解鲜乳中蛋白质和乳糖，将牛乳中的酪蛋白钙盐转变成可溶性重硫酸酪蛋白，使脂肪球膜被破坏，脂肪游离出来，再利用加热离心，使脂肪完全迅速分离，直接读取脂肪层的数值，从而得出乳中含脂率。

任务五　白酒中固形物的测定

【知识目标】

了解白酒中的固形物的含义、固形物的形成原因以及固形物对白酒质量的影响。

【能力目标】

了解并掌握测定白酒固形物含量的原理、方法和技术。

一、任务准备

(一)仪器

(1)电热恒温烘箱；　　(2)分析天平；

(3)瓷蒸发皿(100 mL)；　　(4)干燥器(用变色硅胶作干燥剂)。

（二）材料（样品）

白酒。

二、任务实施

（一）质量测定

吸取酒样 50.0 mL，注入已烘干至恒重的 100 mL 瓷蒸发皿内，置于蒸馏水沸水浴上，蒸发至干，然后将蒸发皿放入 100～105℃烘箱内烘干 2 h，取出，置于干燥器内 30 min，称量，然后再放入 100～105℃烘箱内烘干 1 h，取出，置于干燥器内 30 min，称量。反复上述操作，直至恒重。

实验数据的记录　　g

蒸发皿净质量 m_1	第 1 次称重 m	第 2 次称重 m

（二）结果计算

$$X=\frac{m-m_1}{50.0}\times 1\ 000$$

式中：X—酒样中固形物，g/L；

m—固形物和蒸发皿的质量，g；

m_1—蒸发皿的质量，g；

50.0—取样体积，mL。

结果的允许差：同一样品两次测定值之差不得超过 0.004 g/L，保留两位小数，报告其结果。

三、考核评价

考核项目	评价标准	
质量测定	正确进行样品蒸发干燥	（20 分）
	正确进行样品残留及蒸发皿电热烘干	（30 分）
	正确进行样品残留及蒸发皿称量	（30 分）
结果计算	正确运用公式计算	（20 分）

四、思考与练习题

1. 白酒中固形物是怎么形成的？对白酒有什么影响？
2. 怎样测定白酒中固形物含量？
3. 测定白酒中固形物含量过程中要注意哪些事项？

【知识链接】

(1)白酒中固形物是指白酒经蒸发、烘干后，残留于蒸发皿中的不挥发性物质，包括在此温度下非挥发性物质(如盐)、部分难挥发的高沸点物质(如部分未挥发完的油酸乙酯)。白酒中固形物主要成分为盐类物质，主要是由于贮存容器中的金属在酸性环境中氧化成金属氧化物，金属氧化物与白酒中的有机酸反应生成有机盐及加浆水的硬度大所引起。白酒中固形物超标还可能与生产过程中使用的香料、添加剂、酒处理方法、过滤设备、酒瓶、生产过程控制不严等因素有关。白酒中固形物指标是白酒检测的理化指标之一。

(2)测定白酒中固形物含量是将白酒蒸发烘干后，不挥发物质则残留于蒸发皿中，用称量法测定。

(3)蒸发皿干净与否直接影响固形物分析结果的可靠性与准确度。因此，蒸发皿的洗涤很重要。选择合适的刷子，蘸水(或根据情况使用洗涤剂)刷洗，洗去灰尘和可溶性物质；然后用洁净的镊子夹住蒸发皿，边刷边用自来水冲洗，当倾去自来水后，达到蒸发皿上不挂水珠，这时用少量蒸馏水或去离子水分多次(最少 3 次)冲洗，洗去所沾的自来水，干燥后使用。

(4)分析天平是准确称量物质必不可少的仪器。称量前要校准天平，检查天平秤盘是否干净，称量速度要快、稳。

(5)电热恒温烘箱内要保持整洁干净。

(6)电热恒温烘箱温度控制在 100～105℃，以确保检测结果的平行性及恒重的要求。

(7)蒸发皿取出置于干燥器内冷却时，干燥器内变色硅胶要呈天蓝色，磁板要无灰尘。

(8)在检测固形物含量的操作过程中，操作者取用蒸发皿时，一定要使用镊子，且忌用手直接拿取，而影响固形物含量的检测结果。

实训项目五　气体分析技术

任务一　啤酒中二氧化碳的测定

【知识目标】

1. 了解二氧化碳形成机制；
2. 了解二氧化碳对啤酒质量的影响；
3. 了解并掌握二氧化碳测定原理。

【能力目标】

1. 了解并掌握二氧化碳测定方法和技术；
2. 能够正确、熟练使用二氧化碳测定仪。

一、任务准备

(一)仪器

(1)二氧化碳测定仪；　　(2)恒温水浴装置；

(3)量筒(100 mL)。

(二)材料

1. 试剂

氢氧化钠溶液(400 g/L)。

2. 样品

瓶装啤酒。

二、任务实施

1. 试剂制备

氢氧化钠溶液(400 g/L)制备:称取 400 g 氢氧化钠溶于 1 000 mL 蒸馏水中混匀。

2. 仪器连接

将二氧化碳测定仪的 3 个组成部分用胶管或塑料管连接好,在碱液水准瓶和刻度吸管中装入氢氧化钠溶液 400 g/L,并用氢氧化钠溶液完全顶出测定仪连接胶管中的空气。

3. 表压的测定

(1)瓶装酒样表压的测定。取瓶装酒样置于 25℃ 水浴中,保温 30 min 后取出。然后将酒样置于二氧化碳测定仪上,在穿孔装置下穿孔并用手摇动酒瓶(连同支架)直至压力表指针达到恒定的最大值,记下表压读数。

(2)听装酒样表压的测定。取听装酒样置于 25℃ 水浴中,保温 30 min 后取出。为保证酒样在穿孔过程中不漏气,应选择听体合适的部位将酒样置于二氧化碳测定仪上,在穿孔装置下穿孔并记下表压读数。

4. 瓶颈残留空气体积的测定

(1)瓶装酒样瓶颈残留空气体积的测定。慢慢打开穿孔装置的出口阀,让瓶内气体缓缓流入吸收管,当压力表指示降至零时,立即关闭出口阀,倾斜摇动吸收管,使管内气体中二氧化碳被碱液充分吸收,直至气体体积达到恒定的最小值。调整水准瓶,使水准瓶的液位与吸收管液位等高,即静压相等,从刻度吸收管上读取瓶颈空气的体积。

(2)听装酒样瓶颈残留空气体积的测定。操作方法同瓶装酒样瓶颈残留空气体积的测定。

5. 瓶颈空容体积的测定

(1)瓶装酒样瓶颈空容体积的测定。在测定前,先在瓶装酒样瓶的瓶壁上标记酒的液面。测定时用水将瓶装酒样瓶的瓶颈空容部分装满至瓶顶,然后将标记上部的水注入 100 mL 量筒中,使留在瓶内液体的水平面正好与预先在瓶颈上所作的标记重合。倒出于 100 mL 量筒中的水体积即为瓶颈空容体积。

(2)听装酒样瓶颈空容体积的测定。在测定前,用电子天平称量罐体与酒液的质量(m_1),测定酒样的表压,后倒出酒液,用水冲净罐体、晾干,用电子天平称量罐体的质量(m_2),然后将罐内加满水,称量罐体与所加水的质量(m_3)。

由下式计算听装酒样瓶颈空容体积：

$$V=\frac{m_3-m_2}{1}-\frac{m_1-m_2}{d}$$

式中：V— 听装酒样瓶颈空容体积，mL；

m_1—罐体与酒液的质量，g；

m_2—罐体的质量，g；

m_3—罐体与所加水的质量，g；

1— 水的密度，g/ mL；

d— 被测试样的密度，g/ mL。

6. 结果计算

按下式计算二氧化碳的含量：

$$X=(p-0.101\times V_2/V_1)\times 1.40$$

式中：X— 二氧化碳含量，%(m/m)；

p—绝对压力(表压+0.101)，MPa；

V_2—瓶颈空气体积，mL；

V_1—瓶颈空容体积，mL；

1.40—25℃、1 MPa 压力时，100 g 试样中溶解的二氧化碳质量，g。

注：1 大气压=0.101 MPa。

7. 精确度

同一样品两次平行测定值之差，不得超过 0.02%(m/m)。

三、考核评价

考核项目	评价标准	
仪器连接(或安装)	正确安装或连接二氧化碳测定仪	(20 分)
表压的测定	正确进行瓶装酒样表压的测定	(10 分)
	正确进行听装酒样表压的测定	(10 分)
瓶颈残留空气体积的测定	正确进行瓶装酒样瓶颈残留空气体积的测定	(10 分)
	正确进行听装酒样瓶颈残留空气体积的测定	(10 分)
瓶颈空容体积的测定	正确进行瓶装酒样瓶颈空容体积的测定	(10 分)
	正确进行听装酒样瓶颈空容体积的测定	(10 分)
结果计算	正确运用公式计算	(20 分)

四、思考与练习题

1. 二氧化碳对啤酒质量有什么影响？
2. 测定啤酒中二氧化碳的原理是什么？测定时应注意哪些事项？
3. 如何使用二氧化碳测定仪？

【知识链接】

(1)啤酒在低温发酵过程中有部分二氧化碳溶解在酒液中，其含量为0.3%～0.4%(g/100 mL)二氧化碳能促进泡沫的产生，增加啤酒丰满和清爽的口感。

(2)进行啤酒中二氧化碳测定时先由测压法测定啤酒瓶中二氧化碳和空气的总压力，然后让二氧化碳和空气一起流入仪器的测量管中，使二氧化碳被测量管中的氢氧化钠溶液所吸收：

$$2NaOH+CO_2=Na_2CO_3+H_2O$$

吸量管中再次读出的便是剩下的空气的体积。由瓶顶空间的体积和空气的体积便可求出空气的分压，将测得的总压力减去空气的分压即为二氧化碳的分压力。根据亨利定律，溶解在啤酒中的二氧化碳含量与瓶顶空间的二氧化碳分压成正比。将二氧化碳分压乘以规定的测定温度下压力和二氧化碳百分含量的换算因数，即可求得二氧化碳的含量。

实训项目六　仪器分析技术

【知识目标】

1. 了解食品检验与分析所用各种仪器的工作原理；

2. 了解并掌握测定 pH、亚硝酸盐、人工合成色素、组织胺、双乙酰的基本原理和方法；

3. 了解人工合成色素、亚硝酸盐等在食品加工中的作用及危害；

4. 了解食品中组织胺的形成及对人体的危害；

5. 了解双乙酰的形成及对啤酒的影响。

【能力目标】

1. 能够正确、熟练使用酸度计、分光光度计等仪器进行食品检验与分析；

2. 熟练掌握 pH、亚硝酸盐、人工合成色素、组织胺、双乙酰等测定的操作技术；

3. 能够独立设计食品检验方案。

任务一　食品的 pH 测定

【知识目标】

了解酸度计工作原理。

【能力目标】

1. 熟练正确使用酸度计；

2. 熟练掌握食品的 pH 测定方法。

一、任务准备

(一)仪器

(1)25 型或 pHS-2 型酸度计；(2)221 型或 231 型玻璃电极；(3)222 型或 232 型甘汞电极。

(二)材料

1. 试剂

(1)不含 CO_2 蒸馏水；(2)pH 4.01 标准缓冲溶液(25℃)；(3)pH 6.88 的标准缓冲溶液(20℃)。

2. 样品

(1)新鲜水果蔬菜；(2)牛乳、果汁；(3)汽水、啤酒；(4)罐头食品。

二、任务实施

(一)试剂制备

1. 不含 CO_2 蒸馏水制备

预先将蒸馏水加热煮沸 10～15 min,冷却。

2. pH 4.01 标准缓冲溶液(25℃)制备

称取在(115±5)℃烘干 2～3 h 的优级纯邻苯二甲酸氢钾 10～12 g,溶于不含 CO_2 的蒸馏水中,稀释至 1 000 mL。

3. pH 6.88 标准缓冲溶液(20℃)制备

称取在(115±5)℃烘干 2～3 h 的优级纯磷酸二氢钾 3.39 g,和优级纯无水磷酸氢二钠 3.53 g 溶于蒸馏水中,稀释 1 000 mL。

(二)样品处理

1. 新鲜果蔬样品

新鲜果蔬样品各部位组成差异很大,需将各部位混合样置于组织捣碎机中捣碎,取均匀汁液测定。

2. 牛乳、果汁样品

牛乳、果汁液体样品,不必处理,可直接取样测定。

3. 汽水、啤酒

汽水、啤酒虽为液体样品,因含有 CO_2,影响测定结果,需先去除其中的 CO_2,

再进行测定。通常取样品 100 mL，置锥形瓶中，放入水浴锅中加热煮沸 10 min(赶出 CO_2)，取出自然冷却至室温，并用蒸馏水补足 100 mL。待用。

4. 罐头食品

对于罐头食品，应将内容物倒入组织捣碎机中，加适量水捣碎均匀，过滤，取滤液进行测定。

(三)测定

1. 预热

接通电源，打开电源开关，预热 30 min。

2. 校正

(1)将开关置于 pH 位置，温度补偿器旋钮指示溶液的温度，根据标准缓冲溶液选择“pH”范围；

(2)用标准缓冲溶液洗涤烧杯和电极，然后向烧杯内注入标准缓冲溶液，再将两电极插入该烧杯溶液中，注意不要碰到杯底；

(3)调节零点调节器使指针指在 pH7 的位置；

(4)将电极与 pH 计相连；

(5)按下读数开关，调节定位调节器，使指针指示缓冲溶液的 pH；

(6)放开读数开关，指针应指在 7 处，如有变动，按(5)项重复调节。校正完成后定位调节旋钮不可再转动，否则必须重新校正。

3. 测量

(1)用不含 CO_2 蒸馏水冲洗电极和烧杯，再用样品试液洗涤电极和烧杯，然后向烧杯内注入样品试液，再将电极插入烧杯内样品试液中，轻轻摇动烧杯，使试液均匀，注意不要将电极碰到烧杯；

(2)调节温度补偿旋钮至被测试液的温度；

(3)按下读数开关，指针所指的数值即是被测样品试液的 pH；

(4)测量完毕后，关闭电源，将电极和烧杯洗净，妥善保管。

三、考核评价

考核项目	评价标准	
试剂制备	正确完成不含 CO_2 蒸馏水制备	(5 分)
	正确完成 pH 4.01 标准缓冲溶液(25℃)制备	(5 分)
	正确完成 pH 6.88 标准缓冲溶液(20℃)制备	(5 分)

续表

考核项目	评价标准	
样品处理	正确进行新鲜果蔬样品处理	（5分）
	正确进行汽水、啤酒样品处理	（5分）
	正确进行罐头食品样品处理	（5分）
测定	正确进行仪器预热、校正	（40分）
	正确进行 pH 测量	（30分）

四、思考与练习题

1. 什么是有效酸度？酸度测定的意义？
2. 如何正确使用及维护酸度计？
3. 使用玻璃电极和甘汞电极需注意哪些事项？

【知识链接】

(1)以玻璃电极为指示电极，饱和甘汞电极为参比电极，插入待测溶液中，组成化学原电池，电极间电位与溶液的 pH 有关，利用酸度计测定溶液游离酸即 pH，可直接从酸度计的指针或读数盘上读出样液的 pH。

(2)酸度计(pH 计)由 3 个部件构成，即一个参比电极、一个玻璃电极和一个电流计。参比电极的基本功能是维持一个恒定的电位，作为测量各种偏离电位的对照。玻璃电极的功能是建立一个对所测量溶液的氢离子活度发生变化做出反应的电位差，玻璃电极的电位取决于周围溶液的 pH。电流计能在电阻极大的电路中测量出微小的电位差。把对 pH 敏感的玻璃电极和参比电极放在同一溶液中，就组成一个原电池，该电池的电位是玻璃电极和参比电极电位的代数和。如果温度恒定，这个电池的电位随待测溶液的 pH 变化而变化，在 25℃时，每相差一个 pH 单位，产生 59.1 mV 的电位，从而可通过对工作电池电位的测定，在酸度计上直接读出被测溶液的 pH。而测量 pH 计中的电池产生的电位是困难的，因其电动势非常小，且电路的阻抗又非常大(1～100 MΩ)；因此，必须把信号放大，使其足以推动标准毫伏表或毫安表。电流计的功能就是将原电池的电位放大若干倍，放大了的信号通过电表显示出，电表指针偏转的程度表示其推动的信号的强度，为了使用上的需要，pH 电流表的表盘刻有相应的 pH 数值；而数字式 pH 计则直接以数字显出 pH。

任务二　食品中亚硝酸盐的测定

【知识目标】

1. 了解亚硝酸盐在食品加工中作用及危害；
2. 了解分光光度计的工作原理。

【能力目标】

1. 熟练正确使用分光光度计；
2. 熟练掌握食品中亚硝酸盐的测定方法。

一、任务准备

(一)仪器

(1)天平(感量为 0.1 mg 和 1 mg)；(2)组织捣碎机；
(3)恒温干燥箱；(4)分光光度计。

(二)材料

本方法所用试剂均为分析纯。水为 GB/T 6682 规定的二级水或去离子水。

1. 试剂

(1)亚铁氰化钾[$K_4Fe(CN)_6 \cdot 3H_2O$]；(2)乙酸锌[$Zn(CH_3COO)_2 \cdot 2H_2O$]；
(3)冰醋酸(CH_3COOH)；(4)硼酸钠($Na_2B_4O_7 \cdot 10H_2O$)；
(5)盐酸(ρ=1.19 g/mL)；(6)对氨基苯磺酸($C_6H_7NO_3S$)；
(7)盐酸萘乙二胺($C_{12}H_{14}N_2 \cdot 2HCl$)；(8)亚硝酸钠($NaNO_2$)。

2. 样品

(1)肉类、蛋、水产及其制品；
(2)新鲜蔬菜、水果；
(3)乳粉、豆奶粉、婴儿配方奶粉等固态乳制品(不包括干酪)；
(4)发酵乳、乳、炼乳及其他液体乳制品；
(5)干酪。

二、任务实施

(一)试剂制备

1. 亚铁氰化钾溶液(106 g/L)

称取106.0 g亚铁氰化钾,用水溶解,并稀释至1 000 mL。

2. 乙酸锌溶液(220 g/L)

称取220.0 g乙酸锌,先加30 mL冰醋酸溶解,用水稀释至1 000 mL。

3. 饱和硼砂溶液(50 g/L)

称取5.0 g硼酸钠,溶于100 mL热水中,冷却后备用。

4. 对氨基苯磺酸溶液(4 g/L)

称取0.4 g对氨基苯磺酸,溶于100 mL 20 %(体积分数)盐酸中,置棕色瓶中混匀,避光保存。

5. 盐酸萘乙二胺溶液(2 g/L)

称取0.2 g盐酸萘乙二胺,溶于100 mL水中,混匀后,置棕色瓶中,避光保存。

6. 亚硝酸钠标准溶液(200 μg/mL)

准确称取0.100 0 g于110～120℃干燥恒重的亚硝酸钠,加水溶解移入500 mL容量瓶中,加水稀释至刻度,混匀。

7. 亚硝酸钠标准使用液(5.0 μg/mL)

临用前,吸取亚硝酸钠标准溶液5.00 mL,置于200 mL容量瓶中,加水稀释至刻度。

(二)样品处理

1. 样品预处理

(1)肉类、蛋、水产及其制品。用四分法取适量或取全部,用食物粉碎机制成匀浆备用。

(2)新鲜蔬菜、水果。将样品用去离子水洗净,晾干后,取可食部切碎混匀。将切碎的样品用四分法取适量,用食物粉碎机制成匀浆备用。如需加水应记录加水量。

(3)乳粉、豆奶粉、婴儿配方奶粉等固态乳制品(不包括干酪)。将样品装入能够容纳2倍样品体积的带盖容器中,通过反复摇晃和颠倒容器使样品充分混匀直到使样品均一化。

(4)发酵乳、乳、炼乳及其他液体乳制品:通过搅拌或反复摇晃和颠倒容器使样品充分混匀。

(5)干酪:取适量的样品研磨成均匀的泥浆状。为避免水分损失,研磨过程中应避免产生过多的热量。

2.提取

称取5 g(精确至0.01 g)制成匀浆的样品(如制备过程中加水,应按加水量折算),置于50 mL烧杯中,加12.5 mL饱和硼砂溶液,搅拌均匀,以70℃左右的水约300 mL将样品洗入500 mL容量瓶中,于沸水浴中加热15 min,取出置冷水浴中冷却,并放置至室温。

3.提取液净化

在振荡上述样品提取液时加入5 mL亚铁氰化钾溶液,摇匀,再加入5 mL乙酸锌溶液,以沉淀蛋白质。加水至刻度,摇匀,放置30 min,除去上层脂肪,上清液用滤纸过滤,弃去初滤液30 mL,滤液备用。

(三)标准曲线绘制与样品测定

吸取40.0 mL上述样品滤液于50 mL带塞比色管中,另吸取0、0.20、0.40、0.60、0.80、1.00、1.50、2.00、2.50 mL亚硝酸钠标准使用液(相当于0、1.0、2.0、3.0、4.0、5.0、7.5、10.0、12.5 μg亚硝酸钠),分别置于50 mL带塞比色管中。于标准管与试样管中分别加入2 mL对氨基苯磺酸溶液,混匀,静置3～5 min后各加入1 mL盐酸萘乙二胺溶液,加水至刻度,混匀,静置15 min,用2 cm比色杯,以零管调节零点,于波长538 nm处测吸光度,绘制标准曲线比较。同时做空白试验。

(四)亚硝酸盐含量计算

$$亚硝酸盐含量(mg/kg)=\frac{m_1}{m\times\frac{V_2}{V_1}}$$

式中:m_1—测定用样品液中亚硝酸盐的质量,μg;

m—样品质量,g;

V_2—测定用样品液体积,mL;

V_1—样品处理液总体积,mL。

以重复性条件下获得的两次独立测定结果的算术平均值表示,结果保留两位有效数字。精确度:在重复性条件下获得的两次独立测定结果的绝对差值不得超过算术平均值的10%。

三、考核评价

考核项目	评价标准	
试剂制备	正确完成亚铁氰化钾溶液(106 g/L)制备	(5分)
	正确完成乙酸锌溶液(220 g/L)制备	(5分)
	正确完成饱和硼砂溶液(50 g/L) 制备	(5分)
	正确完成对氨基苯磺酸溶液(4 g/L)制备	(5分)
	正确完成盐酸萘乙二胺溶液(2 g/L)制备	(5分)
	正确完成亚硝酸钠标准溶液(200 μg / mL)制备	(5分)
	正确完成亚硝酸钠标准使用液(5.0 μg/ mL)制备	(5分)
样品处理	正确进行样品预处理(①肉类、蛋、水产及其制品;②新鲜蔬菜、水果;③乳粉、豆奶粉、婴儿配方奶粉等固态乳制品;④发酵乳、乳、炼乳及其他液体乳制品;⑤干酪。上述5类样品任选一类。)	(5分)
	正确进行提取操作	(10分)
	正确进行提取液净化	(10分)
标准曲线绘制与样品测定	能够完成标准曲线绘制	(20分)
	正确进行样品测定	(10分)
亚硝酸盐含量计算	正确运用公式计算	(10分)

四、思考与练习题

1. 分光光度计为什么要用单色光? 如何选择合适的波长?

2. 在亚硝酸盐的测定过程中硼砂、乙酸锌起什么作用? 为什么在加入对氨基苯磺酸后要静置3～5 min后,才能加盐酸萘乙二胺?

3. 简述比色皿使用注意事项。

【知识链接】

(1)在食品加工过程中,适量地添加一些化学物质可使食品呈现良好的色泽,从而引起消费者的关注或好感。就某些食品而言,虽然颜色不能反映其营养、风味、安全性和价值,但是它却能给消费者最直观的印象,直接影响其销量。亚硝酸盐作为食品添加剂被广泛应用于肉类食品加工中,就是因为它能赋予肉制品鲜艳诱人的红色,同时还能在一定程度上抑制杂菌和增强肉制品风味。然而,亚硝酸盐又是食品添加剂中毒性较强的物质。人体摄入后可与血液中血红蛋白结合,使正常的血红蛋白变为高铁血红蛋白,从而使血液失去携氧功能,导致组织缺氧,轻者头昏、心悸、呕吐、口唇青紫,重者神志不清、抽搐、呼吸急促,抢救不及时可危及生命。不仅如此,亚硝酸盐在人体内与仲胺类作用形成亚硝胺类,它在人体内达到一定剂量时成为致癌、致畸、致突变的物质,有可能严重危害人体健康。因此,各国对于亚硝酸盐在食品加工中的使用范围和添加量都有着严格的规定。以亚硝酸钠计,我国卫生标准规定亚硝酸钠的使用量是:肉类罐头与肉制品最大使用量为 0.5 g/kg。

(2)光是一种电磁波,具有一定的波长和频率。可见光的波长范围在 400～760 nm,紫外光为 200～400 nm,红外光为 760～500 000 nm。可见光因波长不同呈现不同颜色,这些波长在一定范围内呈现不同颜色的光称单色光。太阳或钨丝等发出的白光是复合光,是各种单色光的混合光。利用棱镜可将白光分成按波长顺序排列的各种单色光,即红、橙、黄、绿、青、蓝、紫等,这就是光谱。有色物质溶液可选择性地吸收一部分可见光的能量而呈现不同颜色,而某些无色物质能特征性地选择紫外光或红外光的能量。物质吸收由光源发出的某些波长的光可形成吸收光谱,由于物质的分子结构不同,对光的吸收能力不同,因此每种物质都有特定的吸收光谱,而且在一定条件下其吸收程度与该物质的浓度成正比,分光光度法就是利用物质的这种吸收特征对不同物质进行定性或定量分析的方法。

721 型分光光度计其波长范围 360～800 nm,色散元件为三角棱形。使用方法如下:

①检查仪器各调节钮的起始位置是否正确,接通电源开关,打开样品室暗箱盖,使电表指针处于"0"位,预热 20 min 后,再选择需用的单色光波长和相应的放大灵敏度挡,用调"0"电位器调整电表为 T=0%。

②盖上样品室盖使光电管受光,推动试样架拉手,使参比溶液池(溶液装入 4/5 高度,置第一格)置于光路上,调节 100%透射比调节器,使电表指针指 T=100%。

③重复进行打开样品室盖,调 0,盖上样品室盖,调透射比为 100%的操作至仪器稳定。

④盖上样品室盖,推动试样架拉手,使样品溶液池置于光路上,读出吸光度值。读数后应立即打开样品室盖。

⑤测量完毕,取出比色皿,洗净后倒置于滤纸上晾干。各旋钮置于原来位置,电源开关置于"关",拔下电源插头。

⑥放大器各挡的灵敏度为:"1" ×1 倍;"2"×10 倍;"3"×20 倍,灵敏度依次

增大。由于单色光波长不同时，光能量不同，需选不同的灵敏度挡。选择原则是在能使参比溶液调到 $T=100\%$ 处时，尽量使用灵敏度较低的挡，以提高仪器的稳定性。改变灵敏度挡后，应重新调"0"和"100"。

(3)进行食品中亚硝酸盐的测定时，试样要经沉淀蛋白质、除去脂肪后，在弱酸条件下亚硝酸盐与对氨基苯磺酸重氮化后，再与盐酸萘乙二胺偶合形成紫红色染料，于 538 nm 处测吸光度，与标准系列比较定量(外标法测得亚硝酸盐含量)。

任务三　饮料中人工合成色素的测定

【知识目标】

1. 了解饮料等食品中人工合成色素的作用与危害。

2. 了解层析的基本含义以及层析技术在现代工业等领域的应用。

【能力目标】

熟悉纸层析原理，熟练掌握饮料中人工合成色素测定的基本方法和操作技术。

一、任务准备

(一)仪器

(1)玻璃水泵；

(2)恒温水浴；

(3)吹风机；

(4)沙氏漏斗(G3)；

(5)抽滤瓶(500 mL、100 mL、500 mL)；

(6)血红蛋白吸管；

(7)展开缸；

(8)带塞刻度比色管(10 mL)；

(9)量筒(25 mL、50 mL)；

(10)天平、吸管(1 mL)；

(11)白瓷蒸发皿；

(12)中速层吸滤纸；

(13)温度计；

(14)pH 试纸；

(15)玻璃棒；

(16)滴管。

(二)材料

1. 试剂

(1)聚酰胺粉(过 200 目筛)；

(2)正丁醇；

(3)无水乙醇；

(4)1%氨溶液；

(5)乙醇—氨液(9∶1)； (6)20%柠檬酸；

(7)0.1%色素标准贮备液(1 mg/mL)； (8)展开剂。

2.样品

软饮料(各种汽水、橘子汁等)。

二、任务实施

(一)试剂制备

1.0.1%色素标准贮备液(1 mg/mL)

精确称取商品色素胭脂红、苋莱红 0.1 g 溶于蒸馏水，稀释至 100 mL。

2.展开剂(临用前配制)

正丁醇∶无水乙醇∶1%氨水(6∶2∶3)。

(二)样品处理

1.样品预处理

精确吸取 50 mL 样品放入 100 mL 烧杯中，然后在电炉上加热至沸腾为止，加热期间不断搅拌以排除 CO_2，备用。

2.吸附

称取聚酰胺粉 1 g，加少量水调成糊状后倒入经过上述预处理的 70℃的样品中，用 20%柠檬酸调 pH 至 4，充分搅拌使样品色素全部被吸附，然后将样品全部移入沙氏漏斗抽滤，用 300 mL 蒸馏水(70℃，pH=4)分多次洗涤沉淀物，至洗液与原蒸馏水 pH 相同为止(洗涤过程必须充分搅拌，使所用的洗涤液与聚酰胺粉充分接触)。

3.解吸

用乙醇氨溶液 15 mL 分 3 次洗涤色素，解吸过程时搅拌直至滤出液无色为止并收集全部解吸液。

4.浓缩

将色素解吸液置于蒸发皿中于 80℃水浴去氨、浓缩至 5 mL 左右，转入 10 mL 刻度试管中，用少量 50%乙醇洗涤蒸发皿，洗液并入刻度试管中，定容至 10 mL。

(三)纸层析

1.纸层析定性

要确定样品中存在几种色素以及哪几种色素，必须用纸层析进行鉴定。经上述浓缩定容后样品色素溶液于新华中速层析滤纸(8 cm×16 cm)距底边 2 cm 的基线上点样，点样量 20 μL。点样点的直径应不超过 2 mm 为宜，样点间距离以及左右纸边各距 2 cm。同时根据样品颜色点上色素标准溶液点作对照。用展开剂在展开槽展开(展开前层析缸及滤纸先用相应的溶剂系统平衡 10 min 后再展开)。待溶剂前沿到达离起始线 12 cm 处,将滤纸取出于空气中晾干,测量各色素点的 R_f值(相对迁移率),于标准色素 R_f值对照确定何种色素(以标准色素斑点 R_f值衡量样品各色素斑点的 R_f值是否与标准点在同一条直线上,色素的颜色是否完全一致,就可确定样品色素属于何种色素)。

$$R_f(\text{相对迁移率})=\frac{\text{斑点移动距离}}{\text{溶剂前沿移动距离}}$$

所使用的展开剂有:

(1)正丁醇∶无水乙醇∶1%氨水 = 6∶2∶3

(2)正丁醇∶吡啶∶1%氨水 = 6∶3∶4

(3)异丁醇∶无水乙醇∶水 = 3∶2∶2

2.纸层析定量

将纸色谱的条状色斑剪下,用少量热水洗涤数次,洗液移入 10 mL 比色管中,并加水稀释至刻度,作比色测定用。

吸取 0、0.1、0.2、0.3、0.4 mL 胭脂红或苋菜红色素标准液,分别置于 10 mL 比色管中,各加水稀释至刻度。目视比色。

结果计算:

$$X(\text{g/kg},\text{g/L})=\frac{A}{m\times\frac{V_2}{V_1}}$$

式中:X—样品色素浓度;

A—测定样液中色素的含量,mg;

m—样品质量或体积,g/mL;

V_1—样品解吸后总体积,mL;

V_2—样液点纸体积,mL。

三、考核评价

考核项目	评价标准	
试剂制备	正确完成 0.1%色素标准贮备液制备	(5 分)
	正确完成展开剂制备	(5 分)

续表

考核项目	评价标准	
样品处理	正确进行样品预处理	（5 分）
	能够完成吸附操作，达到实验基本要求	（20 分）
	正确完成解吸操作，达到实验要求	（5 分）
	能够完成浓缩操作，达到实验要求	（10 分）
纸层析	能够完成纸层析定性操作，达到实验基本要求	（25 分）
	能够完成纸层析定量操作，达到实验要求	（15 分）
结果计算	正确运用公式计算	（10 分）

四、思考与练习题

1. 人工合成色素对食品有什么影响？对人体有什么危害？
2. 什么叫纸层析法？
3. 吸附与解吸有什么意义？

【知识链接】

(1)天然食品一般具有本身的色泽与香味，这些色香味能促进人的食欲、增加消化液的分泌，有利于消化和吸收，因此，这些色香味是食品的重要感官指标。但在加工保藏过程中，食品的这些色香味常常失去。为了改善食品的感官性质，在加工过程中，仅从色泽方面着眼，常常加入食用色素，以改善食品的色泽。食用色素可分为食用天然色素和食用合成色素。天然色素是直接由动植物组织中提取的色素，如我国自古以来使用的红曲即是。但用一般天然色素难于配出任意的色调。后来逐渐被合成色素所取代。合成色素多属于煤焦油产物，又称焦油系色素，这类色素多数对人体有害，我国对于食用合成色素在食品中的使用范围和使用量有着明确、严格的规定。

(2)层析法，其实就是依据被分离物的物理、化学及生物学特性的不同，使它们在某种基质中移动速度不同而进行分离和分析的方法。它可分为多种方法，其中纸层析法(又称纸色谱法)是以纸为载体的层析法。固定相一般为纸纤维上吸附的水分，流动相为不与水相溶的有机溶剂；也可使纸吸留其他物质作为固定相，如缓冲液，甲酰胺等。将试样点在纸条的一端，然后在密闭的槽中用适宜溶剂进行展开。当组分移动一定距离后，各组分移动距离不同，最后形成互相分离的斑点。将纸取出，待溶剂挥发后，用显色剂或其他适宜方法确定斑点位置。根据组分的 R_f

值(相对迁移率)与已知样 R_f 值比较,进行定性。用斑点扫描仪或将组分点取下,以溶剂溶出组分,用适宜方法定量(如光度法、比色法等)。

(3)聚酰胺是通过酰胺基聚合而成的一类高分子化合物,又称“尼龙 6”,在酸性条件下可与水容性酸性染料牢固结合;在碱性条件下则可解吸色素,用纸层析法或薄层层析法进行分离鉴别后,再与标准比较予以定性、定量。

任务四 食品中组织胺含量的测定

【知识目标】

1. 了解组织胺的形成及对人体的危害;
2. 了解组织胺含量测定的原理。

【能力目标】

熟练掌握组织胺含量测定的基本方法和操作技术。

一、任务准备

(一)仪器

721 型分光光度计。

(二)材料

1. 试剂

(1)三氯乙酸溶液(100 g/L);
(2)氢氧化钠溶液(250 g/L);
(3)正戊醇;
(4)碳酸钠溶液(50 g/L);
(5)盐酸(1+11);
(6)偶氮试剂;
(7)组织胺标准溶液。

2. 样品

鱼类。

二、任务实施

(一)试剂制备

1. 偶氮试剂

甲液(称取 0.5 g 对硝基苯胺,加 5 mL 盐酸溶液溶解后,再加水稀释至 200 mL,

置冰箱中)、乙液[亚硝酸钠溶液(5 g/L),临用现配]。吸取甲液 5 mL、乙液 40 mL 混合后立即使用。

2. 组织胺标准溶液

准确称取 0.276 7 g 于(100±5)℃干燥 2 h 的磷酸组织胺,溶于水,移入 100 mL 容量瓶中,再加水稀释至刻度。此溶液每毫升相当于 1.0 mg 组织胺。然后准确吸取 1.0 mL 此组织胺标准溶液,置于 100 mL 容量瓶中,加水稀释至刻度。此溶液每毫升相当于 10 μg 组织胺。

(二)样品处理

(1)称取 5.00 g 纯净的捣碎样品,置于具塞锥形瓶中,加入 15 mL 三氯乙酸溶液(100 g/L),盖塞,浸泡 2~3 h,过滤。

(2)吸取 1.0 mL 滤液,置于分液漏斗中,加氢氧化钠溶液(250 g/L)使呈碱性,每次加入 3 mL 正戊醇,振摇 3~5 min,提取 3 次,合并正戊醇并稀释至 10.0 mL。

(3)吸取 1.0 mL 正戊醇提取液于分液漏斗中,每次加 3 mL 盐酸(1+11)振摇提取 3 次,合并盐酸提取液并稀释至 10.0 mL。备用。

(三)标准曲线绘制

取清洁干燥的 10 mL 具塞比色管 6 支,编号后排于比色管架上,吸取 0、0.20、0.40、0.60、0.80、1.0 mL 组织胺标准使用液(相当于 0、2、4、6、8、10 μg 组织胺),分别置于上述 6 支具塞比色管中。再各加 1 mL 盐酸(1+11)、3 mL 碳酸钠溶液(50 g/L)、3 mL 偶氮试剂,最后加水至刻度,混匀,静置 10 min。

选用 1 cm 比色杯,以零管调节零点,于 480 nm 波长处测各管组织胺溶液吸光度,绘制标准曲线。

(四)样品测定

准确吸取 1.0 mL 盐酸提取液于 10 mL 比色管中,加 3 mL 碳酸钠溶液(50 g/L)、3 mL 偶氮试剂,加水至刻度,混匀,静置 10 min 后与标准溶液同时比色,测定吸光度。

结果计算:

$$X(\mathrm{mg}/100\ \mathrm{g})=\frac{M_1}{1\ 000}\times\frac{100}{M_2}\times\frac{1}{V}\times\frac{1}{10}\times\frac{1}{10}=M_1\times10\ \frac{V}{M_2}$$

式中:X—样品中组织胺的含量,mg/100 g;

M_1—测定时样品中组织胺的质量,μg;

M_2—样品质量,g;

V—加入三氯乙酸溶液(100 g/L)的毫升数,mL;

1 000—把微克换算成毫克。

结果的表述:报告算术平均值,精确至小数点后一位。

允许差:相对相差≤10%。

三、考核评价

考核项目	评价标准	
试剂制备	正确完成偶氮试剂甲液、乙液制备	(10分)
	正确完成组织胺标准溶液制备	(10分)
样品处理	正确进行样品处理	(30分)
标准曲线绘制	正确进行吸光度测定并能够绘制标准曲线	(30分)
样品测定	正确进行吸光度测定和比色	(10分)
结果计算	正确运用公式计算	(10分)

四、思考与练习题

1. 食品中组织胺是怎样形成的?对人体有什么危害?
2. 测定食品中组织胺含量的原理是什么?
3. 标准曲线绘制有什么意义?

【知识链接】

(1)组织胺是组氨酸的分解产物,鱼中组氨酸的含量以青皮红肉的鱼类如鲐鱼(又称青花鱼、鲐巴鱼)、鲭鱼以及淡水鱼中的鲤鱼等较高,当鱼体受到富含组氨酸脱羧酶的细菌污染时,且处在10~30℃特别是15~20℃环境下存放的鱼类,在自溶过程中,经组织蛋白酶的作用,使游离的组氨酸从蛋白质中释出,此时如果鱼体已受到富含组氨酸脱羧酶摩根氏变形杆菌等污染,则在脱羧酶的作用下,使鱼体中游离的组氨酸大量脱羧并形成组织胺。当人摄食含有大量组织胺的鱼肉后,就会引起组织胺中毒。

(2)组织胺与偶氮试剂在弱碱性溶液中进行偶氮反应,生成橙色偶氮化物。根据颜色的深浅,进行比色定量。

(3)一般认为,成人摄入组织胺超过100 mg(相当于1.5 mg/kg体重)即可引起中毒。

任务五　啤酒中双乙酰含量的测定

【知识目标】

1. 了解双乙酰的形成及对啤酒的影响；

2. 了解测定双乙酰的原理。

【能力目标】

学会并熟练使用紫外分光光度计等仪器。

一、任务准备

(一)仪器

(1)紫外分光光度计；　(2)蒸汽蒸馏管；

(3)蒸汽发生瓶；　(4)冷凝器；

(5)容量瓶；　(6)电炉。

(二)材料

1. 试剂

(1)盐酸(4 mol/L)；　(2)邻苯二胺；

(3)消泡剂:有机硅消泡剂或甘油聚醚。

2. 样品

啤酒。

二、任务实施

1. 试剂制备

邻苯二胺溶液(10 g/L)制备:精密称取分析纯邻苯二胺 250.0 mg,溶于盐酸(4 mol/L)中,并定容至 25 mL,放于暗处,限当日使用。

2. 蒸馏

按图 6-1 所示将双乙酰蒸馏装置连接好,把带夹套的蒸汽蒸馏管(简称蒸馏管)下端的排气口夹子打开。加热蒸汽发生瓶,使水沸腾,预热蒸馏管。将 25 mL 容量瓶置于冷凝器下口,外加冰浴冷却。待蒸馏管下端排气口冒大汽时,取一 100 mL 量筒,向其中滴入 2～4 滴消泡剂,然后再加入未经除气的预先冷却至 5℃左右的酒样

100 mL，随后经带塞漏斗迅速将其加入到已预热的蒸馏管中，并用少量水冲洗带塞漏斗，盖塞，用水将加样口封闭。待蒸馏管下端再次冒大汽时，将排气口夹子夹住，开始蒸馏直至容量瓶中收集的蒸馏液接近 25 mL 时(蒸馏应在 3～5 min 内完成)，取出容量瓶，用水定容至刻度，摇匀。

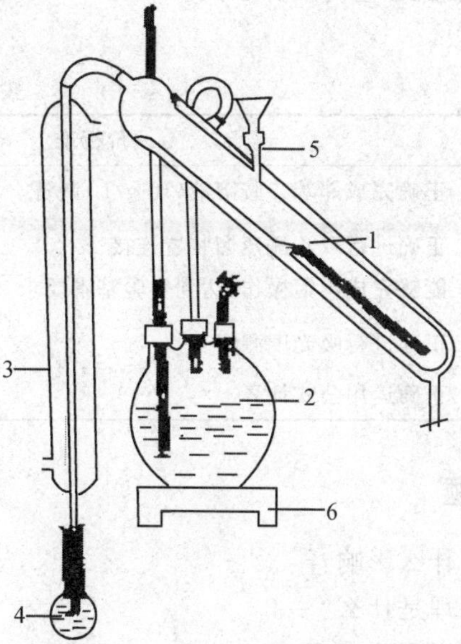

图 6-1 双乙酰蒸馏装置示意图

1.蒸汽蒸馏管 2.水蒸气发生器 3.冷凝器 4.容量瓶 5.进样口 6.电炉

3.测定

分别吸取蒸馏液 10.00 mL 于两支比色管中。一管作为样品测量管加入 0.5 mL 邻苯二胺溶液；另一管作为空白对照管不加邻苯二胺溶液。充分摇匀后，同时置于暗处放置 20～30 min，然后向样品测量管中加入 2 mL 盐酸溶液(4 mol/L)，向空白对照管中加 2.5 mL 盐酸溶液(4 mol/L)，混匀。

在 335 nm 波长处，用 2 cm 比色皿，以空白调零点，测定样品吸光度。比色测定须在 20 min 内完成。

注意事项：

(1)蒸馏时加入样品要迅速，勿使双乙酰损失；

(2)严格控制蒸汽量，勿使泡沫过高，被蒸汽带走而导致蒸馏失败。

4. 计算

$$双乙酰(mg/L)=A_{335}\times 1.2$$

式中：A_{335}—在 335 nm 波长下，用 2 cm 比色皿测定的样品吸光度；

1.2—吸光度与双乙酰含量的换算系数。

三、考核评价

考核项目	评价标准	
试剂制备	正确完成邻苯二胺溶液(10 g/L)制备	(10 分)
蒸馏	正确进行双乙酰蒸馏装置连接	(20 分)
	能够完成蒸馏操作，达到实验基本要求	(30 分)
测定	正确进行吸光度测定	(30 分)
计算	正确运用公式计算	(10 分)

四、思考与练习题

1. 双乙酰对啤酒有什么影响？
2. 测定双乙酰的原理是什么？
3. 使用比色皿应注意哪些事项？

【知识链接】

(1)双乙酰是啤酒发酵期间产生的代谢副产物，虽然含量少，但由于阈值小，对啤酒风味影响很大，它是造成啤酒不成熟的主要原因之一，生产上把双乙酰的含量作为衡量啤酒是否成熟的质量指标。双乙酰的味阈值为 0.1～0.15 mg/L，超过阈值会出现馊饭味。

(2)用邻苯二胺与双乙酰的反应，因生成的 2,3-二甲基喹噁啉在 335 nm 波长下有一最大吸收值，可对双乙酰进行定量测定。由于其他联二酮类具有相同的反应特性，因此上述测定结果为总联二酮含量。

任务六　油脂羰基价的测定

【知识目标】

了解羰基价含义及测定羰基价的意义。

【能力目标】

了解并掌握羰基价测定方法和技术。

一、任务准备

(一)仪器

(1)分光光度计；

(2)恒温水浴锅；

(3)移液管(5 mL、10 mL)；

(4)容量瓶(25 mL)；

(5)磨口试管(具塞、25 mL)。

(二)材料

1. 试剂

(1)精制乙醇；

(2)精制苯；

(3)2,4-二硝基苯肼溶液；

(4)三氯乙酸溶液；

(5)氢氧化钾乙醇溶液。

2. 样品

植物油。

二、任务实施

(一)试剂制备

1. 精制乙醇制备

量取 1 L 无水乙醇，倒入 2 L 圆底烧瓶中，加入 5 g 铝粉、10 g 氢氧化钾，连上回流冷凝管，在水浴中加热回流 1 h，然后用蒸馏装置蒸馏收集馏出液。

2. 精制苯制备

取 500 mL 苯，倒入 1 000 mL 分液漏斗中，加入 50 mL 硫酸，小心振摇 5 min，静置分层，弃除硫酸层；再加 50 mL 硫酸重复处理一次，将苯层转入另一分液漏斗中，用水洗涤 3 次，然后经无水硫酸钠脱水，用蒸馏装置蒸馏收集馏出液。

3. 2,4-二硝基苯肼溶液制备

称取 50 mg 2,4-二硝基苯肼溶入 100 mL 精制苯中(2,4-二硝基苯肼较难溶于苯，配制时应充分搅动，必要时过滤使溶液中无固形物)。

4. 氢氧化钾乙醇溶液制备

称取 4 g 氢氧化钾，加入 100 mL 精制乙醇使其溶解，置于冷暗处过夜，取上部澄清液备用。若溶液变黄褐色则应重新配制。

(二)吸光度测定

精确称取0.025～0.5 g样品,置于25 mL容量瓶中,加苯溶解并稀释到刻度。吸取5 mL样液置于25 mL试管(具塞)中,加入3 mL三氯乙酸溶液及5 mL 2,4-二硝基苯肼溶液,摇动均匀,在60℃恒温水浴中加热3 min,冷却后,沿试管壁慢慢加入10 mL氢氧化钾乙醇溶液成二液层,塞好管口,摇动均匀,放置10 min。以1 cm比色杯,用试剂空白(5 mL精制苯)调节零点,于波长440 nm处测吸光度。

在重复性条件下,获得的两次独立测定结果的绝对差值不得超过算术平均值的5%。

(三)结果计算

$$羰基价(\text{mmol/kg})=1\ 000\times A/(854\times m\times \frac{V_2}{V_1})$$

式中:A—样液的吸光度;

m—样品质量,g;

V_1—样品稀释后的总体积,mL;

V_2—测定用样品稀释液的体积,mL;

854—各种醛的毫摩尔吸光系数的平均值。

注意事项:

(1)所用仪器必须洁净、干燥。

(2)所用试剂在含有干扰试验的物质时,都必须精制后才能用于试验。

(3)空白试验管的吸收值(在波长440 mm处,以水作对照)超过0.20时,则试验所用试剂的纯度不够理想。

(4)当油样过氧化值较高(超过20～30 mmol/kg)时,将影响羰基价的测定,此时最好先把过氧化物还原为非羰基化合物。

(5)当试样羰基值较高时,取样量应当相应减少。

(6)三氯乙酸是较强的有机酸,提供酸性环境,同时对生成腙有催化作用。

三、考核评价

考核项目	评价标准	
试剂制备	正确完成精制乙醇制备	(20分)
	正确完成精制苯制备	(20分)
	正确完成2,4-二硝基苯肼溶液制备	(5分)
	正确完成氢氧化钾乙醇溶液制备	(5分)
吸光度测定	正确完成吸光度测定	(30分)
结果计算	正确运用公式计算	(20分)

四、思考与练习题

1. 什么叫羰基价？测定羰基价有什么意义？

2. 为什么计算羰基价时采用各种醛的毫摩尔吸光系数的平均值？

3. 测定羰基价需注意哪些问题？

【知识链接】

(1)油脂受环境(空气、温度、微生物、热、光等)影响，被氧化生成过氧化物，进一步分解为含羰基的化合物，这些二次产物中的羰基化合物(醛、酮类化合物)，其聚积量就是羰基价。通常以每千克样品中含醛类物质的毫摩尔数表示，它可反映油脂的酸败程度。我国对食用油脂羰基价的规定为：食用植物油≤20 mmol/kg；食用煎炸油≤50 mmol/kg。

(2)对食用油脂中羰基价的测定，国家标准检验方法为2,4-二硝基苯肼比色法。其原理是：羰基化合物和2,4-二硝基苯肼反应生成苯腙，在碱性情况下形成醌离子，呈褐红色或葡萄酒红色，在440 nm下测定其吸光度，并可依此计算羰基价。

任务七 啤酒色度的测定

【知识目标】

了解啤酒色度含义及形成原因。

【能力目标】

了解并掌握测定啤酒色度的原理、方法和技术。

一、任务准备

(一)仪器

EBC比色计(或SD色度仪)。

(二)材料

1. 试剂

哈同(Hartong)基准溶液。

2. 样品

啤酒。

二、任务实施

(一)试剂制备

哈同(Hartong)基准溶液制备:称取重铬酸钾($K_2Cr_2O_7$)0.1 g(精确至 0.001 g)和亚硝酰铁氰化钠 $Na_2[Fe(CN)_5NO]\cdot 2H_2O$ 3.5 g(精确至 0.001 g),用水溶解并定容至 1 000 mL,贮于棕色瓶中,于暗处放置 24 h 后使用。

(二)样品处理

在保证样品有代表性,不损失或少损失酒精的前提下,用振摇、超声波或搅拌等方式除去酒样中的二氧化碳气体。

1. 方法一

将恒温至 15~20℃的酒样 300 mL 倒入 1 000 mL 锥形瓶中,盖塞(橡皮塞),在恒温室内,轻轻摇动、开塞放气(开始有“砰砰”声),盖塞。反复操作,直至无气体逸出为止。用单层中速干滤纸(漏斗上面盖表面玻璃)过滤。

2. 方法二

采用超声波或磁力搅拌法除气,将恒温至 15~20℃的酒样 300 mL 移入带排气塞的瓶中,置于声波水槽中(或磁力器上),超声(或搅拌)一定时间后,用单层中速干滤纸过滤(漏斗上面盖表面玻璃)。

注:要通过与方法一比对,使其酒精度测定结果相似,以确定超声(或搅拌)时间和温度。

3. 样品的保存

将除气后的酒样收集于具塞锥形瓶中,温度保存在 15~20℃,密封保存,限制在 2 h 内使用。

(三)色度测定

(1)将哈同(Hartong)基准溶液注入 40 mm 比色皿,用色度计测定,进行仪器的校正。其标准色度应为 15 EBC 单位;若使用 25 mm 比色皿,其标准读数为 9.4 EBC。仪器的校正应每周一次。

(2)将经处理后的样品注入 25 mm 比色皿中,然后放到比色盒中,与标准色盘进行比较,当两者色调一致时,即可直接读数为结果。

如使用其他规格的比色皿,则需要换成 25 mm 比色皿的数据为其结果,换算式如下:

$$SD=\frac{B_1\times 25}{B_2}$$

式中：SD—样品的色度，EBC 单位；

B_1—实测色度，EBC 单位；

B_2—使用比色皿厚度，mm；

25—换算系数，mm。

三、考核评价

考核项目	评价标准	
试剂制备	正确完成哈同(Hartong)基准溶液制备	(20 分)
样品处理	正确排除样品中气体	(20 分)
仪器校正	正确完成仪器校正	(20 分)
色度测定	正确进行比色测定	(20 分)
结果换算	正确进行相应换算	(20 分)

四、思考与练习题

1. 啤酒色度是怎样形成的？

2. 测定啤酒色度时为什么要首先排除二氧化碳气体？

【知识链接】

(1)啤酒色度大部分在啤酒酿造过程中产生，主要包括原料中麦芽色度的浸出、煮沸色度的形成、包装杀菌及激沫时色度变化。同时，在发酵和过滤时又会消失部分色度物质。用公式可表示为：啤酒的最终色度＝原料色度＋煮沸色度＋激沫色度＋杀菌过程色度－发酵色度－过滤色度。色度物质的含量主要与生产过程中色素物质的浸出和形成条件有关。

(2)啤酒色度测定的原理是将除气后的酒样注入 EBC 比色计(或 SD 色度仪)的比色皿中，与标准色盘比较，确定酒样的色度。

实训项目七　食品卫生微生物学检验技术

【知识目标】

1. 了解并掌握食品卫生微生物学检验基础知识；

2. 了解并熟悉常用的食品卫生指标；

3. 了解并熟悉大肠菌群、霉菌、乳酸菌等常见菌类特征；

4. 了解并掌握大肠菌群、霉菌、乳酸菌等常见菌类的检验方法。

【能力目标】

1. 能够熟练制备常用的细菌、真菌培养基；

2. 能够正确、熟练进行样品采集、稀释、接种、培养、分离等操作；

3. 能够正确判断、记录菌落特征、数量；

4. 熟练掌握大肠菌群、霉菌、乳酸菌检验技术；

5. 能够独立设计食品卫生微生物学检验方案。

任务一　食品中菌落总数的测定

【知识目标】

1. 了解并掌握平板菌落计数的原则；

2. 了解食品卫生指标。

【能力目标】

了解并掌握食品中细菌总数测定方法和操作技术。

一、任务准备

(一)仪器

(1)恒温培养箱(36±1)℃; (2)超净工作台;
(3)培养皿(直径 90 mm); (4)吸管(1.0 mL、10.0 mL,标有 0.1 mL 单位刻度);
(5)玻璃珠(直径 5 mm); (6)试管(18 mm×200 mm);
(7)酒精灯; (8)试管架;
(9)玻璃蜡笔; (10)均质器或乳钵;
(11)菌落计数器; (12)放大镜;
(13)广口瓶或三角瓶(容量 500 mL); (14)电炉;
(15)天平; (16)恒温水浴锅(46±1)℃;
(17)灭菌刀或剪子; (18)冰箱(0~4℃);
(19)灭菌镊子。

(二)材料

1. 试剂

(1)蛋白胨; (2)牛肉膏;
(3)NaCl; (4)琼脂;
(5)蒸馏水; (6)KH_2PO_4;
(7)NaOH; (8)生理盐水;
(9)75%乙醇。

2. 样品

各种食品(固体食品、液体食品)。

二、任务实施

(一)培养基、缓冲稀释溶液制备

1. 营养琼脂培养基制备

配方:蛋白胨 10 g、牛肉膏 3 g、NaCl 5 g、琼脂 15~20 g、蒸馏水 1 000 mL。

制法:将琼脂以外的各成分溶解于蒸馏水内,加入 15% NaOH 溶液约 2 mL,校正 pH 为 7.2~7.4。加入琼脂,加热煮沸,使琼脂溶化,分装三角瓶,121℃高压灭菌 15 min。

2. 磷酸盐缓冲稀释溶液制备

(1)储存液

配方：KH_2PO_4 34 g、1 mol/L NaOH 溶液 175 mL、蒸馏水 825 mL，pH 为 7.2。

制法：先将磷酸盐溶解于 500 mL 蒸馏水中，用 1 mol/L NaOH 溶液校正 pH 为 7.2 后，再用蒸馏水稀释至 1 000 mL。

(2)稀释液

制法：取储存液 1.25 mL，用蒸馏水稀释至 1 000 mL，分装每瓶 100 mL 或每管 10 mL，121℃高压灭菌 15 min。

(二)样品稀释及培养

以无菌操作，将样品 25 g(或 mL)剪碎放于含有 225 mL 灭菌生理盐水或其他稀释液的灭菌玻璃瓶内(瓶内预置适当数量的玻璃珠)或灭菌乳钵内，经充分振摇或研磨做成 1∶10 的均匀稀释液。固体样品在加入稀释液后，最好置均质器中以 8 000～10 000 r/ min 的速度处理 1 min，做成 1∶10 的均匀稀释液。

用 1 mL 灭菌吸管吸取 1∶10 稀释液 1 mL，沿管壁徐徐注入含有 9 mL 灭菌生理盐水或其他稀释液的试管内(注意吸管尖端不要触及管内稀释液)，振摇试管，混合均匀，做成 1∶100 的稀释液。

另取 1 mL 灭菌吸管，按上条操作顺序，做 10 倍递增稀释液，如此每递增稀释一次，即换用 1 支 1 mL 灭菌吸管。

根据食品卫生标准要求或对标本污染情况的估计，选择 2～3 个适宜稀释度，分别在做 10 倍递增稀释的同时，即以吸取该稀释度的吸管移 1 mL 稀释液于灭菌平皿内，每个稀释度做两个平皿。

稀释液移入平皿后，应及时将晾至 46℃营养琼脂培养基[可放置于(46±1)℃水浴保温]注入平皿约 15 mL，并转动平皿使混合均匀。同时将营养琼脂培养基倾入加有 1 mL 稀释液的灭菌平皿内作空白对照。

待琼脂凝固后，翻转平板，置(36±1)℃温箱内培养(48±2)h。

(三)菌落计数

做平板菌落计数时，可用肉眼观察，必要时用放大镜检查，以防遗漏。在记下各平板的菌落数后，求出同稀释度的各平板平均菌落总数。

(四)菌落计数的报告

1. 平板菌落数的选择

选取菌落数为 30～300 的平板作为菌落总数测定标准。一个稀释度使用两个平板，应采用两个平板平均数，其中一个平板有较大片状菌落生长时，则不宜采用，而应以无片状菌落生长的平板作为该稀释度的菌落数，若片状菌落不到平板的一半，而其余一半中菌落分布又很均匀，即可计算半个平板后乘 2 以代表全皿菌落数。平皿内如有链状菌落生长时（菌落之间无明显界线），若仅有一条链，可视为一个菌落；如果有不同来源的几条链，则应将每条链作为一个菌落计。

2. 稀释度的选择

应选择平均菌落数为 30～300 的稀释度，乘以稀释倍数报告之（表 7-1 中例 1）。若有两个稀释度，其生长的菌落数均为 30～300，则视两者之比如何来决定。若其比值≤2，应报告其平均数；若＞2 则报告其中较小的数字（表 7-1 中例 2 及例 3）。若所有稀释度的平均菌落数均＞300，则应按稀释度最高的平均菌落数乘以稀释倍数报告之（表 7-1 中例 4）。若所有稀释度的平均菌落数均＜30，则应按稀释度最低的平均菌落数乘以稀释倍数报告之（表 7-1 中例 5）。若所有稀释度均无菌落生长，则以＜1 乘以最低稀释倍数报告之（表 7-1 中例 6）。若所有稀释度的平均菌落数均不在 30～300 之间，其中一部分＞300 或＜30 时，则以最接近 30 或 300 的平均菌落数乘以稀释倍数报告之（表 7-1 中例 7）。

3. 菌落数的报告

菌落数在 100 以内时，按其实有数报告，大于 100 时，采用两位有效数字，在两位有效数字后面的数值，按四舍五入计算。为了简便，常用 10 的指数来表示（表中"报告方式栏"）。

表 7-1 稀释度选择及菌落数据报告方式

例次	稀释液及菌落数			两稀释液之比	菌落总数（个/g 或个/mL）	报告方式（个/g 或个/mL）
	10^{-1}	10^{-2}	10^{-3}			
1	多不可计	164	20	—	16 400	16 000 或 1.6×10^4
2	多不可计	295	46	1.6	37 750	38 000 或 3.8×10^4
3	多不可计	271	60	2.2	27 100	27 000 或 2.7×10^4
4	多不可计	多不可计	313	—	31 300	310 000 或 3.1×10^5
5	27	11	5	—	270	270 或 2.7×10^2
6	0	0	0	—	小于 10	小于 10
7	多不可计	305	12	—	30 500	31 000 或 3.1×10^4

三、考核评价

考核项目	评价标准	
培养基、缓冲稀释溶液制备	正确完成营养琼脂培养基制备	(10分)
	正确完成磷酸盐缓冲稀释溶液制备	(10分)
样品稀释及培养	正确进行样品10倍递增稀释	(15分)
	能够正确判断所需稀释度范围	(10分)
	正确制备平板及进行平板培养	(15分)
菌落计数	准确进行菌落计数并求出平均数	(10分)
菌落计数的报告	正确确定计数平板	(10分)
	能够科学地做出菌落数报告	(20分)

四、思考与练习题

1. 如何选择稀释度和确定菌落数?
2. 怎样做菌落数报告?
3. 从检样的细菌总数结果看,所检食品是否符合卫生标准?

【知识链接】

(1)菌落总数是指食品检样经过处理,在一定条件下培养后(如培养基成分、培养温度和时间、pH、需氧性等)所得1 mL(或1 g)检样中所含菌落的总数。菌落总数主要作为判断食品被污染程度的标志。

(2)测定细菌菌落总数通常采用平板菌落计数法,但是,由于食品(检样)中可能含有多种细菌,且不同种细菌对营养成分、pH、氧气等生长条件要求可能不同,甚至差别很大,所以不可能找到这样一种培养基,即在同一条件下,使检样中所有细菌都能正常生长繁殖。因此,以一定的培养基平板在一定条件下培养出来的菌落数量来计算检样中细菌总数仅仅算是一个近似值。目前,国家最新标准使用的培养基为营养琼脂培养基。

任务二　食品中大肠菌群的测定

【知识目标】

1. 了解大肠菌群的特点；

2. 学会使用大肠菌群最可能数(MPN)检索表。

【能力目标】

熟练掌握测定大肠菌群的方法和技术。

一、任务准备

(一)仪器

(1)温箱[(36±1)℃]；　(2)冰箱(0～4℃)；

(3)天平；　(4)显微镜；

(5)试管；　(6)杜氏管；

(7)吸管；　(8)载玻片；

(9)酒精灯；　(10)试管架。

(二)材料

1. 试剂

(1)蛋白胨；　(2)猪胆盐(或羊、牛胆盐)；

(3)乳糖；　(4)溴甲酚紫；

(5)蒸馏水；　(6)磷酸二氢钾；

(7)琼脂；　(8)伊红丫；

(9)美蓝；　(10)革兰氏染料；

(11)生理盐水。

2. 样品

各种食品。

二、任务实施

(一)培养基制备

1.乳酸胆盐发酵管制备

成分:蛋白胨 20 g、猪胆盐(或羊、牛胆盐)5 g、乳糖 10 g、0.04%溴甲酚紫水溶液 25 mL、蒸馏水 1 000 mL。

制法:将蛋白胨、胆盐及乳糖溶于水中,校正 pH 为 7.4,加入指示剂,分装每管 10 mL,并放入一个小倒管,115℃高压灭菌 15 min。

2.伊红美蓝琼脂平板制备

成分:蛋白胨 20 g、乳糖 10 g、磷酸氢二钾 2 g、琼脂 17 g、2%伊红溶液 20 mL、0.65%美蓝溶液 10 mL、蒸馏水 1 000 mL。

制法:将蛋白胨、磷酸盐和琼脂溶于蒸馏水中,校正 pH 为 7.1,分装于烧瓶内,121℃高压灭菌 15 min,备用。临用时加入乳糖并加热溶化琼脂,冷却至 50~55℃,加入伊红和美蓝溶液,摇匀,倾注平板。

3.乳糖发酵管制备

成分:蛋白胨 20 g、乳糖 10 g、0.04%溴甲酚紫水溶液 25 mL、蒸馏水 1 000 mL。

制法:将蛋白胨及乳糖溶于水,校正 pH 为 7.4,加入指示剂,按检验要求分装试管,并放入一个小倒管,115℃高压灭菌 15 min。

(二)测定

1.乳糖发酵试验

将待检样品接种于乳糖胆酸发酵管内,接种量在 1 mL 以上者,用双料乳糖胆盐发酵管,1 mL 及 1 mL 以下者,用单料乳糖胆盐发酵管。每一稀释度接种 3 管,置于温箱[(36±1)℃]中培养(24±2)h,如所有乳糖胆盐发酵管都不产气,则可报告大肠菌群阴性,如有产气者,则按下列程序进行。

2.分离培养

将产气的发酵管分别接种于伊红美蓝琼脂平板上,置于温箱[(36±1)℃]内,培养 18~24 h,然后取出,观察菌落形态,并做革兰氏染色和证实实验。

3.证实实验

在上述平板上,挑去符合下列特征的菌落 1~2 个进行革兰氏染色,同时接种乳糖发酵管,置于温箱(36±1)℃内,培养(24±2)h,观察产气情况,凡是乳糖管产气,革兰氏染色为阴性的无芽孢杆菌即可报告为大肠菌群阳性。

大肠菌群菌落特征：

(1)深紫色，有金属光泽；

(2)紫黑色，不带或略带金属光泽；

(3)淡紫色，中心颜色较深。

样品采集及稀释液制备参见任务一食品中菌落总数的测定中样品稀释及培养。

(三)报告

根据证实为大肠菌群阳性的管数，查 MPN 检索表，报告每 100 mL(或 100 g)大肠菌群的最可能数(即 MPN 值)(表 7-2)。

表 7-2　大肠菌群最可能数(MPN)检索表

阳性管数			MPN	95%可信限	
1 mL(g)×3	0.1 mL(g)×3	0.01 mL(g)×3	100 mL(g)	下限	上限
0	0	0	<30	<5	90
0	0	1	30		
0	0	2	60		
0	0	2	90		
0	1	0	30	<5	130
0	1	1	60		
0	1	2	90		
0	1	3	120		
0	2	0	60		
0	2	1	90		
0	2	2	120		
0	2	3	160		
0	3	0	90		
0	3	1	130		
0	3	2	160		
0	3	3	190		
1	0	0	40	<5	200
1	0	1	70	10	210
1	0	2	110		
1	0	3	150		

续表 7-2

阳性管数			MPN	95%可信限	
1 mL(g)×3	0.1 mL(g)×3	0.01 mL(g)×3	100 mL(g)	下限	上限
1	1	0	70	10	230
1	1	1	110	30	360
1	1	2	150		
1	1	3	190		
1	2	0	110	30	360
1	2	1	150		
1	2	2	200		
1	2	3	240		
1	3	0	160		
1	3	1	200		
1	3	2	240		
1	3	3	290		
2	0	0	90	10	360
2	0	1	140	30	370
2	0	2	200		
2	0	3	260		
2	1	0	150	30	440
2	1	1	200	70	890
2	1	2	270		
2	1	3	340		
2	2	0	210	40	470
2	2	1	280	100	1 500
2	2	2	350		
2	2	3	420		
2	3	0	290		
2	3	1	360		
2	3	2	440		
2	3	3	530		

续表 7-2

阳性管数			MPN	95%可信限	
1 mL(g)×3	0.1 mL(g)×3	0.01 mL(g)×3	100 mL(g)	下限	上限
3	0	0	230	40	1 200
3	0	1	390	70	1 300
3	0	2	640	150	3 800
3	0	3	950		
3	1	0	430	70	2 100
3	1	1	750	140	2 300
3	1	2	1 200	300	3 800
3	1	3	1 600		
3	2	0	930	150	3 800
3	2	1	1 500	300	4 400
3	2	2	2 100	350	4 700
3	2	3	2 900		
3	3	0	2 400	360	13 000
3	3	1	4 600	710	24 000
3	3	2	11 000	1 500	48 000
3	3	0	≥24 000		

注:1.本表采用 3 个稀释度,每稀释度 3 管。

2.表内所列检样如改用 10 mL(g)、1 mL(g)、0.1 mL(g)时,表内数字应相应降低至原来的 1/10。如改用 0.1 mL(g)、0.01 mL(g)、0.001 mL(g)时,则表内数字应相应增加至原来的 10 倍。其余依此类推。

结果:

1.不同稀释度检样的阳性管数各是多少?

2.查 MPN 表得出每升检样中大肠菌群是多少?

三、考核评价

考核项目	评价标准	
培养基制备	正确完成乳酸胆盐发酵管制备	(10 分)
	正确完成伊红美蓝琼脂平板制备	(10 分)
	正确完成乳糖发酵管制备	(10 分)

续表

考核项目	评价标准	
测定	正确完成乳糖发酵试验并做出准确判断	(20 分)
	正确完成分离培养	(15 分)
	革兰氏染色操作正确	(15 分)
	正确完成证实实验且判断准确	(10 分)
报告	能够借助 MPN 表做出准确报告	(10 分)

四、思考与练习题

1. 大肠菌群有何特点?

2. 大肠菌群被认为是被肠道病原菌污染的指示菌,为什么?

3. 经检查,被检食品样品是否符合食用标准? 污染程度如何?

【知识链接】

大肠菌群是指一群能发酵乳糖、产酸产气、需氧和兼性厌氧的革兰氏阴性无芽孢杆菌。该菌主要来源于人畜粪便,故以此作为粪便污染指示来评价食品的卫生质量,并推断食品是否污染肠道致病菌。食品中大肠菌群数是指以 100 mL(或 100 g)检样中大肠菌群最可能数(MPN)来表示。

相关提示:

细菌菌落总数和大肠菌群数的测定需要连续 5 d。这两个指标的测定可以同时进行。具体安排如下:

第 1 天:

(1)准备好整个实验所用到的仪器,同时清点所需药品。

(2)清洗实验中要用到的各种玻璃器皿、量具等,并进行包扎,干热灭菌。

(3)制作乳糖胆盐发酵管和伊红美蓝琼脂平板,包括培养基的制作、分装、倒平板、高压灭菌。

第 2 天:

(1)取样、稀释、接种乳糖胆盐管,然后放入温箱培养、记录时间。

(2)制作普通营养琼脂培养基与乳糖发酵管,同样包括培养基的制备、分装、倒平板、高压灭菌。

(3)待普通营养琼脂培养基冷却到 45℃左右时,进行接种,然后放入温箱培养,记录时间。

第 3 天：

(1)乳糖胆盐发酵管培养结束后，取出，观察产气情况，若产气则在伊红美蓝琼脂平板上划线，然后放入温箱，记录时间。

(2)普通营养琼脂培养基培养结束后，取出，进行菌落计数。做出细菌菌落总数的报告。

第 4 天：

伊红美蓝琼脂平板培养到时间后，取出，挑取可疑的特征菌落接种于乳糖发酵管。放入温箱培养，并记录时间。然后再挑取可疑特征菌落进行革兰氏染色。

第 5 天：

(1)乳糖发酵管培养结束后，取出，观察产气情况，然后结合第 4 天革兰氏染色情况，得出结论。

(2)做出被测样品中大肠菌群数的报告。

(3)实验完毕后，递交报告，清理实验室。

任务三　食品中霉菌数的测定

【知识目标】

1. 了解霉菌污染对人体的危害；

2. 进一步巩固食品微生物学检验基本知识和基本技能。

【能力目标】

了解并掌握霉菌总数测定基本方法和操作技术。

一、任务准备

(一)仪器

(1)锥形瓶；　(2)解剖刀；

(3)研钵；　(4)试管；

(5)移液管；　(6)培养皿；

(7)计数器；　(8)恒温水浴锅。

(二)材料

1.试剂

(1)生理盐水；(2)葡萄糖；

(3)琼脂。

2.样品

(1)奶油；(2)干酪。

二、任务实施

(一)样品的采集

乳及乳制品(如乳、硬质干酪等)，用灭菌工具采集可疑食品 250 g 左右，装入灭菌牛皮纸袋或其他灭菌容器内。

(二)分离培养

1.检样的处理

(1)奶油。以无菌操作称取 25 g 于灭菌锥形瓶中(或吸取 25 mL 已加热熔化的奶油)，加入灭菌生理盐水 225 mL，摇动混匀，即为 1∶10 稀释液。

(2)干酪。将取样部位表面的蜡皮用灭菌刀削掉，经火焰消毒后，取样 25 g 置于灭菌研钵内剪碎，加少量灭菌生理盐水研磨均匀，最后用灭菌生理盐水稀释成 1∶10 稀释液。

2.检样的稀释及培养

(1)取上述 1∶10 的样品稀释液，按 1∶100、1∶1 000 进行 10 倍递增稀释。

(2)根据对检样污染情况的估计选择 2～3 个适宜的稀释度，分别在做 10 倍稀释的同时，吸取 1 mL 稀释液于灭菌平皿中，用马铃薯葡萄糖琼脂(PDA)或高盐察氏培养基(熔化后置于约 45℃恒温水浴锅中)倾入平皿 15～20 mL，轻轻转动平皿使混合均匀。每个稀释度做 2 个平皿。

(3)待其凝固后，注明样品名称、稀释度、接种日期等，然后翻转平皿以皿底朝上放入 25～28℃恒温箱中培养 7 d。

3.菌落计数

应选择平均菌落数在 30～100 之间的稀释度。以其平均菌落数乘以稀释倍数，即为每克或每毫升检样中所含霉菌总数。以个/g(mL)表示。

判断标准为：

(1)圆形硬质干酪中霉菌总数≤50 个/g。

(2)奶油中霉菌总数≤10 个/g。

三、考核评价

考核项目	评价标准	
样品采集	样品采集方法正确、操作规范	(20分)
分离培养	正确进行检样处理	(10分)
	正确进行检样10倍递增稀释	(20分)
	能够正确判断所需稀释度范围	(10分)
	正确制备平板及进行平板培养	(20分)
菌落计数	正确选择计数平板并求出检样所含霉菌总数	(20分)

四、思考与练习题

1. 简述霉菌形态特征。
2. 霉菌对食品有什么影响？如何利用？
3. 试述检样的稀释方法。

【知识链接】

(1)食品霉菌总数是指食品检样经过处理，在一定条件培养后，所得1 g或1 mL检样中所含的霉菌菌落总数。

(2)PDA培养基制备

配方：马铃薯(去皮)200 g、葡萄糖20 g、琼脂18～20 g、水1 000 mL。

制法：取200 g去皮马铃薯切成条或块，放入1 000 mL水中煮沸20～30 min，然后用纱布过滤，取其滤液，补足水分至1 000 mL，最后加入葡萄糖、琼脂，加热溶化后趁热用纱布过滤，然后将滤液倒入三角瓶中封口，置于高压灭菌锅中，0.05 MPa灭菌30 min。

(3)高盐察氏培养基制备与PDA培养基制备相似。

任务四　食品中乳酸菌的检验

【知识目标】

了解乳酸菌特点及其在食品中的作用。

【能力目标】

1. 了解并掌握乳酸菌检验的基本方法和操作技术；

2. 进一步巩固食品微生物学检验基本知识和基本技能。

一、任务准备

(一)仪器

(1)恒温培养箱:(36±1)℃；

(2)冰箱:2～5℃；

(3)均质器及无菌均质袋、均质杯或灭菌乳钵；

(4)天平:感量 0.1 g；

(5)无菌试管:18 mm×180 mm、15 mm×100 mm；

(6)无菌吸管:1 mL(具 0.01 mL 刻度)、10 mL(具 0.1 mL 刻度)或微量移液器及吸头；

(7)无菌锥形瓶:500 mL、250 mL；

(8)L 形棒。

(二)材料

1. 试剂

(1)蛋白胨；

(2)牛肉粉；

(3)酵母粉；

(4)葡萄糖；

(5)吐温；

(6)$K_2HPO_4 \cdot 7H_2O$；

(7)醋酸钠·$3H_2O$；

(8)柠檬酸三铵；

(9)$MgSO_4 \cdot 7H_2O$；

(10)$MnSO_4 \cdot 4H_2O$；

(11)琼脂；

(12)乳糖；

(13)碳酸钙；

(14)1%中性红溶液；

(15)莫匹罗星锂盐(Li-Mupirocin)(化学纯)；

(16)蒸馏水。

2. 样品

各种食品(固体、半固体、液体)。

二、任务实施

(一)样品制备

(1)样品的全部制备过程均应遵循无菌操作程序。

(2)冷冻样品可先使其在 2～5℃条件下解冻,时间不超过 18 h,也可在温度不超过 45 ℃的条件解冻，时间不超过 15 min。

(3)固体和半固体食品。以无菌操作称取 25 g 样品，置于装有 225 mL 生理盐水的无菌均质杯内，于8 000～10 000 r/min 均质 1～2 min，制成 1∶10 样品匀液；或置于 225 mL 生理盐水的无菌均质袋中，用拍击式均质器拍打 1～2 min，制成 1∶10 的样品匀液。

(4)液体样品。液体样品应先将其充分摇匀后以无菌吸管吸取样品 25 mL 放入装有 225 mL 生理盐水的无菌锥形瓶(瓶内预置适当数量的无菌玻璃珠)中，充分振摇，制成 1∶10 的样品匀液。

(二)稀释、接种、培养、计数

(1)用 1 mL 无菌吸管或微量移液器吸取 1∶10 样品匀液 1 mL，沿管壁缓慢注于装有 9 mL 生理盐水的无菌试管中(注意吸管尖端不要触及稀释液)，振摇试管或换用 1 支无菌吸管反复吹打使其混合均匀，制成 1∶100 的样品匀液。

(2)另取 1 mL 无菌吸管或微量移液器吸头，按上述操作顺序，做 10 倍递增样品匀液，每递增稀释一次，即换用 1 次 1 mL 灭菌吸管或吸头。

(3)计数。

①乳酸菌总数。根据待检样品活菌总数的估计，选择 2～3 个连续的适宜稀释度，每个稀释度吸取 0.1 mL 样品匀液分别置于 2 个 MRS 琼脂平板，使用 L 形棒进行表面涂布。(36±1)℃，厌氧培养(48±2)h 后计数平板上的所有菌落数。从样品稀释到平板涂布要求在 15 min 内完成。

②双歧杆菌计数。根据对待检样品双歧杆菌含量的估计，选择 2～3 个连续的适宜稀释度，每个稀释度吸取 0.1 mL 样品匀液于莫匹罗星锂盐(Li-Mupirocin)改良 MRS 琼脂平板，使用灭菌 L 形棒进行表面涂布，每个稀释度作两个平板。(36±1)℃，厌氧培养(48±2)h 后计数平板上的所有菌落数。从样品稀释到平板涂布要求在 15 min 内完成。

③嗜热链球菌计数。根据待检样品嗜热链球菌活菌数的估计，选择 2～3 个连续的适宜稀释度，每个稀释度吸取 0.1 mL 样品匀液分别置于 2 个 MC 琼脂平板，使用 L 形棒进行表面涂布。(36±1)℃，需氧培养(48±2)h 后计数。嗜热链球菌在 MC 琼脂平板上的菌落特征为：菌落中等偏小，边缘整齐光滑的红色菌落，直径(2±1)mm，菌落背面为粉红色。从样品稀释到平板涂布要求在 15 min 内完成。

乳杆菌计数：①项乳酸菌总数结果减去②项双歧杆菌与③项嗜热链球菌计数结果之和即得乳杆菌计数。

(三)菌落计数

可用肉眼观察，必要时用放大镜或菌落计数器，记录稀释倍数和相应的菌落数量。菌落计数以菌落形成单位(colony-forming units,CFU)表示。

(1)选取菌落数在30～300 CFU之间、无蔓延菌落生长的平板计数菌落总数。低于30 CFU的平板记录具体菌落数,大于300 CFU的可记录为多不可计。每个稀释度的菌落数应采用两个平板的平均数。

(2)其中一个平板有较大片状菌落生长时,则不宜采用,而应以无片状菌落生长的平板作为该稀释度的菌落数;若片状菌落不到平板的一半,而其余一半中菌落分布又很均匀,即可计算半个平板后乘以2,代表一个平板菌落数。

(3)当平板上出现菌落间无明显界线的链状生长时,则将每条单链作为一个菌落计数。

(四)结果的表述

(1)若只有一个稀释度平板上的菌落数在适宜计数范围内,计算两个平板菌落数的平均值,再将平均值乘以相应稀释倍数,作为1 g(mL)中菌落总数结果。

(2)若有两个连续稀释度的平板菌落数在适宜计数范围内时,按下面公式计算:

$$N = \sum C/(n_1 + 0.1n_2)d$$

式中:N—样品中菌落数;

$\sum C$—平板(含适宜范围菌落数的平板)菌落数之和;

n_1—第一稀释度(低稀释倍数)平板个数;

n_2—第二稀释度(高稀释倍数)平板个数;

d—稀释因子(第一稀释度)。

(3)若所有稀释度的平板上菌落数均>300 CFU,则对稀释度最高的平板进行计数,其他平板可记录为多不可计,结果按平均菌落数乘以最高稀释倍数计算。

(4)若所有稀释度的平板菌落数均<30 CFU,则应按稀释度最低的平均菌落数乘以稀释倍数计算。

(5)若所有稀释度(包括液体样品原液)平板均无菌落生长,则以<1乘以最低稀释倍数计算。

(6)若所有稀释度的平板菌落数均不在30～300 CFU之间,其中一部分<30 CFU或>300 CFU时,则以最接近30 CFU或300 CFU的平均菌落数乘以稀释倍数计算。

(五)菌落数的报告

(1)菌落数<100 CFU时,按四舍五入原则修约,以整数报告。

(2)菌落数≥100 CFU 时，第 3 位数字采用四舍五入原则修约后，取前 2 位数字，后面用 0 代替位数；也可用 10 的指数形式来表示，按四舍五入原则修约后，采用两位有效数字。

(3)称重取样以 CFU/g 为单位报告，体积取样以 CFU/ mL 为单位报告。

三、结果与报告

根据菌落计数结果出具报告，报告单位以 CFU/g(mL)表示。

四、考核评价

考核项目	评价标准	
样品制备	正确制备 1∶10 的样品匀液(①固体和半固体食品；②液体样品，上述二者选一)	(15 分)
稀释	正确进行样品匀液 10 倍递增稀释	(15 分)
接种、培养	能够正确判断所需稀释度范围并进行平板接种培养	(35 分)
菌落计数	正确选择计数平板	(5 分)
	菌落确定符合要求、计数正确	(10 分)
结果表述	正确运用公式计算	(10 分)
菌落数报告	报告规范，符合标准	(10 分)

五、思考与练习题

1. 试述乳酸菌主要生化特性及其在食品中的作用。
2. 进行乳酸菌检验前应如何处理固体样品？
3. 菌落计数应注意哪些问题？

【知识链接】

1. 乳酸菌

一类可发酵糖主要产生大量乳酸的细菌的通称。

2. MRS 培养基

成分：蛋白胨 10.0 g、牛肉粉 5.0 g、酵母粉 4.0 g、葡萄糖 20.0 g、吐温-80 1.0 mL、$K_2HPO_4 \cdot 7H_2O$ 2.0 g、醋酸钠·$3H_2O$ 5.0 g、柠檬酸三铵 2.0 g、$MgSO_4 \cdot 7H_2O$ 0.2 g、$MnSO_4 \cdot 4H_2O$ 0.05 g、琼脂粉 15.0 g，pH 6.2。

制法:将上述成分加入到 1 000 mL 蒸馏水中,加热溶解,调节 pH,分装后 121℃高压灭菌 15~20 min。

3. 莫匹罗星锂盐(Li-Mupirocin)改良 MRS 培养基

(1)莫匹罗星锂盐(Li-Mupirocin)储备液制备:称取 50 mg 莫匹罗星锂盐(Li-Mupirocin)加入到 50 mL 蒸馏水中,用 0.22 μm 微孔滤膜过滤除菌。

(2)莫匹罗星锂盐(Li-Mupirocin)改良 MRS 培养基制法:将上述 2(MRS 培养基)成分加入到 950 mL 蒸馏水中,加热溶解,调节 pH,分装后于 121℃高压灭菌 15~20 min。临用时加热熔化琼脂,在水浴中冷至 48 ℃,用带有 0.22 μm 微孔滤膜的注射器将莫匹罗星锂盐(Li-Mupirocin)储备液加入到熔化琼脂中,使培养基中莫匹罗星锂盐(Li-Mupirocin)的浓度为 50 μg/mL。

4. MC 培养基

成分:大豆蛋白胨 5.0 g、牛肉粉 3.0 g、酵母粉 3.0 g、葡萄糖 20.0 g、乳糖 20.0 g、碳酸钙 10.0 g、琼脂 15.0 g、蒸馏水 1 000 mL、1%中性红溶液 5.0 mL,pH6.0。

制法:将前面 7 种成分加入蒸馏水中,加热溶解,调节 pH,加入中性红溶液。分装后 121 ℃高压灭菌 15~20 min。

综合练习题

理论知识部分

一、判断题(将判断结果填入括号中。正确的填"√",错误的填"×")

1.分子质量的法定计量单位有 g、kg。( )

2. 1 mol 氮气所含的氮分子数约是 6.02×10^{23} 个。( )

3.摩尔质量相等的两物质的化学式一定相同。( )

4.物质的量浓度的国际标准单位是 g/mL。( )

5.mol/L 是物质的量浓度的法定计量单位。( )

6.某电对的氧化形可以氧化电位比它低的另一电对的还原形。( )

7.某盐的水溶液呈中性,可推断该盐不水解。( )

8.缓冲溶液的作用是在一定条件下将溶液 pH 稳定在一定的范围内。( )

9.缓冲溶液在任何 pH 条件下都能起缓冲作用。( )

10.Na_2HPO_4 的水溶液可使 pH 试纸变红。( )

11.凡是基准物质,使用之前都需进行干燥(恒重)处理。( )

12.酸碱滴定时是用酸作标准溶液测定碱及碱性物质,或以碱作标准溶液测定酸及酸性物质。( )

13.氧化还原滴定法通常是用还原剂作标准溶液测定还原性物质,用氧化剂测定氧化性物质。( )

14.分析检验时,试剂的纯度越高,测定结果就越准确。( )

15.优级纯、分析纯的符号分别是 G.R 和 A.R,而化学纯的符号是 C.P。( )

16.取出的试剂若尚未用完,应倒回试剂瓶。( )

17.混合指示剂通常比单一指示剂的变色范围更窄些,变色更敏锐。( )

18. 指示剂的变色范围多在1～2个pH单位之间，所以由它们指示的滴定结果与实际结果相差较大。（ ）

19. 指示剂的变色范围受滴定时的温度、滴定溶液的性质和浓度、指示剂浓度等多种因素影响。（ ）

20. 混合指示剂是将两种指示剂或一种指示剂和一种惰性染料混合而成的指示剂。（ ）

21. 配制标准溶液有直接法和间接法两种。（ ）

22. 间接法配制溶液后，一般需要标准溶液进行标定。（ ）

23. 直接法配制溶液后，一般不再需要进行标定。（ ）

24. 准确称取分析纯的固体NaOH，就可直接配制标准溶液。（ ）

25. NaOH标准溶液只能配成近似浓度，然后用基准物质进行标定，以获得准确浓度。（ ）

26. $KMnO_4$法所用的强酸通常是H_2SO_4。（ ）

27. $KMnO_4$标准溶液贮存在白色试剂瓶中。（ ）

28. 络合滴定一般都在缓冲溶液中进行。（ ）

29. 用络合滴定法测定Mg^{2+}时，用NaOH掩蔽Ca^{2+}。（ ）

30. 络合滴定所用蒸馏水，无须进行质量检查。（ ）

31. 用纯净水洗涤玻璃仪器时，使其既干净又节约用水的方法原则是少量多次。（ ）

32. 分样器的作用是破碎掺和物料。（ ）

33. 移液管的使用不必考虑体积校正。（ ）

34. 容量瓶能够准确量取所容纳液体的体积。（ ）

35. 酸式滴定管活塞上凡士林涂得越多越有利于滴定。（ ）

36. 加减砝码必须关闭天平，取放称量物可不关闭。（ ）

37. 使用分析天平时，不可将热物体放在托盘上直接称量。（ ）

38. 称量完毕后应注意检查天平梁是否已托好。（ ）

39. 有腐蚀性或潮湿的物体能直接放在天平盘上称量。（ ）

40. 要求较高时，容量瓶在使用前应进行体积校正。（ ）

41. 显微镜放入箱内时，应使物镜、镜筒、目镜处于一条直线上。（ ）

42. 旋动显微镜的粗调节轮时，动作应轻缓。（ ）

43. 用显微镜观察细菌时，选用的目镜和物镜的放大倍数越大越好。（ ）

44. 误差的大小是衡量精密度高低的尺度。（ ）

45. 数据的运算应先修约再运算。（ ）

46.食品的消毒是指采用物理或化学手段将食品中的细菌杀灭而制成的产品。( )

47.消毒牛乳达到饮用安全要求,可直接饮用。( )

48.食品的消毒指采用物理或化学手段将食品中的微生物杀灭的操作。( )

49.经过消毒的食品不再含有生命的有机体。( )

50.浓度在96%以上的酒精也具有良好的消毒效果。( )

51.细菌菌落计数时,如果两稀释度菌落数都大于300,以低倍计数;如两稀释度菌落数都小于30,则以高倍计数。( )

52.根据最适生长温度的不同,可将微生物分为好氧微生物和厌氧微生物。( )

53.嗜热菌和耐热菌是同一概念的不同说法。( )

54.低温菌是指在20℃以下能生长的菌,而嗜冷菌是指在7℃以下能繁殖的菌。( )

55.大肠杆菌的甲基红试验呈阴性。( )

56.能直接干扰病原菌的生长繁殖,并可用于治疗感染性疾病的化学药物即为化学疗剂。( )

57.巴布科克法测定牛乳中脂肪含量时,需经过两次离心。( )

58.凯氏定氮法测牛乳蛋白质含量时,蒸馏装置冷凝管应插入吸收液液面以下。( )

59.测定牛乳中灰分含量时,坩埚恒重是指前后两次称量之差不大于2 mg。( )

60.盖勃法测定牛乳中脂肪含量时,所用的异戊醇无须鉴定便可直接使用。( )

61.测定甜乳粉中蔗糖含量时,要经过预滴和精滴两个步骤。( )

62.测定乳制品总糖含量时,不需将样品中的蔗糖都转化成还原糖后测定。( )

63.测定酸性样品的水分含量时,不可以采用铝皿作为容器。( )

64.测定酸性样品的水分含量时,也可以采用铝皿作为容器。( )

65.测定菌落总数时,如菌落数在100以下则以实际数报告。( )

66.凯氏定氮法测定食品中蛋白质含量基本过程是:消化、蒸馏、吸收和滴定。( )

67.测定食品中灰分含量时,坩埚恒重是指前后两次称量之差不大于2 mg。( )

68. 菌落计数时，如两个稀释度平均菌落都在 30～300 之间，且两稀释度之比小于 2，则以高稀释倍数计数。（　）

69. 用乳糖标定费林试液目的是求出费林氏液标准溶液校正值。（　）

70. 电位滴定是根据电位的突跃来确定终点的滴定方法。（　）

71. 若打开光源灯时光电比色计的光标可移动到吸光度“零”位，移动比色皿架时，光标迅速移动，说明光电系统基本正常。（　）

72. 阿贝折光仪不能测定强酸强碱和氟化物。（　）

73. 对于同一种物质，使用不同的光源，测得的折光率相同。（　）

74. 试液中各组分分离时，各比移值相差越大，分离就越好。（　）

75. 压缩气体钢瓶应避免日光或远离热源。（　）

76. 在化学反应中，催化剂的加入都是为了加快化学反应速度。（　）

77. 氧化还原反应的方向取决于氧化还原能力的大小。（　）

78. 化学分析中最常用的强酸有：硝酸、盐酸和醋酸。（　）

79. 当离子积大于溶度积时，沉淀会溶解。（　）

80. 标准电极电位值愈高的电对，氧化型必是弱氧化剂，还原型必是强还原剂。（　）

81. 以 0.010 00 mol/L 的 NaOH 溶液滴定 20.00 mL 浓度为 0.010 00 mol/L 的 HCl 溶液，滴定前溶液的 pH 是 1。（　）

82. 一般的多元酸有不止一个化学计量点。（　）

83. 强碱滴定弱酸时，溶液化学计量点的 pH 大于 7。（　）

84. 组成缓冲体系的酸的 pK_a 应等于或接近所需的 pH。（　）

85. 标准溶液浓度的表示方法一般有物质的量浓度和滴定度两种。（　）

86. 凡是优级纯的物质都可用于直接法配制标准溶液。（　）

87. 分析检验时，应根据对分析结果准确度的要求合理选用不同纯度的化学纯。（　）

88. 通常被用来作为容量分析中的基准物，有时也用来直接配制标准溶液的物质叫基准物质。（　）

89. 基准物是用于标定标准溶液的化学物质。（　）

90. 在分析化学实验中常用化学纯的试剂。（　）

91. 酸碱指示剂就是在特定 pH 时颜色会发生稳定变化的有机弱酸或有机弱碱。（　）

92. 滴定分析中，指示剂选择不当会引起测量误差。（　）

93. 酸碱指示剂的变色与溶液中的氢离子浓度无关。（　）

94. 广泛 pH 试纸是用甲基红、溴百里酚蓝、百里酚蓝和酚酞按一定比例配成的混合指示剂。（ ）

95. 滴定终点与反应的化学计量点不吻合是由指示剂选择不当所造成的。（ ）

96. 氢氧化钠极易吸水，若用邻苯二甲酸氢钾标定它，则所得结果会不准。（ ）

97. 强碱滴定一元弱酸的条件是 $cK_a \geqslant 10^{-8}$。（ ）

98. $K_2Cr_2O_7$ 非常稳定，容易提纯，所以可用直接法配制成标准溶液。（ ）

99. 配制好的 $Na_2S_2O_3$ 应立即标定。（ ）

100. 标定好的 $Na_2S_2O_3$ 中，若发现有浑浊（S 析出）应重新配制。（ ）

101. 络合滴定无须控制溶液的 pH 范围。（ ）

102. 莫尔法中与 Ag^+ 形成沉淀或络合物的阴离子均不干扰测定。（ ）

103. 称量式的摩尔质量较大时，称量分析的准确度较高。（ ）

104. 水中 Cl^- 的含量可用 NH_4CNS 标准溶液直接滴定。（ ）

105. 称量分析一般不适用于微量组分的测定。（ ）

106. 电水浴锅可用酸溶液代替水使用。（ ）

107. 铬酸洗液不可重复使用。（ ）

108. 分析实验室的管理仅包括仪器、药品的管理。（ ）

109. 电子天平较普通天平有较高的稳定性。（ ）

110. 分析天平的灵敏度越高，其称量的准确度越高。（ ）

111. 为了使滴定简便和快捷，可用吸量管代替滴定管进行滴定。（ ）

112. 萃取是一种简单、快速、应用范围广的分析方法。（ ）

113. 被蒸馏液杂质含量很少时，应蒸干。（ ）

114. 蒸馏完毕，拆卸仪器过程应与安装顺序相反。（ ）

115. 定位试样是在生产设备的不同部位采取的样品。（ ）

116. 不同微生物的化学组成是一样的。（ ）

117. 用显微镜观察细菌、酵母时，选用的目镜和物镜的放大倍数越小越好。（ ）

118. 微生物对低温和高温的敏感性一样，一旦在最低温度以下或最高生长温度以上时，它们都立即死亡。（ ）

119. 消毒就是消除有毒的化学物质。（ ）

120. 灭菌是一种比消毒更彻底的消灭微生物的措施。（ ）

121. 细菌菌落计数时，取样前应对样品包装表面消毒。（ ）

122. 为了确保食品的卫生质量，所有产品都应经过严格的灭菌处理。（ ）

123. 沙门氏菌、志贺氏菌、金黄色葡萄球菌都是致病菌。（ ）

124. 微生物可分为细菌、放线菌、霉菌和酵母菌四大类。（ ）

125. 大肠菌群应包括在细菌总数内，出现大肠菌群比细菌总数多是不正常的。（ ）

126. 能产生蛋白酶分解蛋白质的菌群是蛋白质分解菌。（ ）

127. 微生物处于延迟期时，一般不会立即繁殖，细胞数目几乎保持不变，甚至稍有减少。（ ）

128. 污染微生物后的冷冻食品仍有传播疾病的可能。（ ）

129. 微生物的最适生长温度是指不会引起菌体死亡的温度。（ ）

130. 直接测定法测定食品中还原糖含量时，费林试液的用量为甲、乙液各 10 mL。（ ）

131. 测定牛乳中乳糖含量的方法有热滴定法和旋光法。（ ）

132. 测定甜乳粉中乳糖时，加入草酸钾－磷酸氢二钠作用是为了沉淀蛋白质。（ ）

133. 巴布科克法测定牛乳脂肪含量时，加热、离心的作用是形成重硫酸酪蛋白钙盐和硫酸钙沉淀。（ ）

134. 凯氏定氮法测牛乳蛋白质含量时，蒸馏装置冷凝管不应插入吸收液液面以下。（ ）

135. 测定乳制品总糖含量时，应将样品中的蔗糖都转化成还原糖后测定。（ ）

136. 测定大肠菌群时，如乳糖胆盐发酵管不产气，则可报告大肠菌群阴性。（ ）

137. 测定食品中的灰分含量时，如样品炭化严重，可加入几滴橄榄油。（ ）

138. 大肠菌群测定的一般步骤是初发酵—分离—染色—复发酵。（ ）

139. 水俣病和骨痛病是由慢性中毒引起的。（ ）

140. 凯氏定氮法测蛋白质含量时，在消化过程中加入硫酸钠的作用是提高消化液的温度。（ ）

141. 普通酸度计通电后可立即开始测量。（ ）

142. 显色条件系指显色反应的条件选择，包括显色剂浓度，显色酸度，显色温度，显色时间，溶剂、缓冲溶液及用量，表面活性剂及用量等。（ ）

143. 产生剧毒气体的实验应戴防毒面具。（ ）

144. 在分光光度法中，当欲测物的浓度大于 0.01 mol/L 时，可能会偏离光吸

收定律。(　)

145. 721 型分光光度计的光源灯亮时就一定有单色光。(　)

146. 当入射光的波长、溶液的浓度及测定的温度一定时，溶液的吸光度与液层的厚度成正比。(　)

147. As_2O_3 是一种剧毒氧化物。(　)

148. 电器仪器使用时若遇停电，应立即断开电闸。(　)

149. 易燃液体废液不得倒入下水道。(　)

150. 洒落在实验台上的汞可采用适当措施收集在有水的烧杯中。(　)

答案：

1. ×	2. √	3. ×	4. ×	5. √	6. ×	7. √	8. ×	9. ×	10. ×
11. ×	12. ×	13. √	14. √	15. ×	16. ×	17. √	18. ×	19. √	20. √
21. √	22. √	23. √	24. ×	25. √	26. √	27. ×	28. √	29. √	30. ×
31. √	32. ×	33. ×	34. √	35. √	36. ×	37. √	38. √	39. ×	40. √
41. ×	42. √	43. ×	44. ×	45. √	46. ×	47. √	48. ×	49. ×	50. ×
51. ×	52. ×	53. ×	54. ×	55. ×	56. √	57. √	58. √	59. ×	60. ×
61. √	62. √	63. √	64. ×	65. √	66. √	67. ×	68. ×	69. √	70. √
71. √	72. √	73. ×	74. √	75. √	76. ×	77. √	78. ×	79. ×	80. ×
81. ×	82. √	83. √	84. √	85. ×	86. ×	87. √	88. ×	89. ×	90. ×
91. √	92. ×	93. ×	94. √	95. √	96. ×	97. √	98. √	99. ×	100. √
101. ×	102. ×	103. √	104. ×	105. √	106. ×	107. ×	108. √	109. ×	110. ×
111. ×	112. ×	113. ×	114. √	115. ×	116. ×	117. ×	118. ×	119. ×	120. √
121. √	122. ×	123. √	124. ×	125. ×	126. √	127. √	128. √	129. ×	130. ×
131. √	132. ×	133. ×	134. ×	135. √	136. √	137. √	138. √	139. √	140. √
141. ×	142. √	143. √	144. √	145. ×	146. √	147. √	148. √	149. √	150. √

二、选择题(选择正确的答案，将相应的字母填入题内的括号中)

1. mol/L 是(　)的计量单位。

A. 浓度　　B. 压强　　C. 体积　　D. 功率

2. CO_2 的摩尔质量相对于氧气的摩尔质量要(　)。

A. 大　　B. 小　　C. 相等　　D. 无法判断

3. 不同条件下，1 mol 氧气与 1 mol 氢气的(　)一定相等。

A. 质量　　B. 体积　　C. 分子数　　D. 密度

4. 已知：w 表示质量百分比浓度，ρ 表示溶液密度，M 表示溶质的摩尔质量，V 表示溶液的体积，则该溶液的物质的量浓度 c 为(　)。

A. wV/M　　B. $w\rho/MV$　　C. $w\rho V/M$　　D. wM/V

5.硫酸、硝酸和盐酸中,以(　)腐蚀性最强。

A.硝酸　　B.硫酸　　C.盐酸　　D.3种酸相同

6.实验室常用的铬酸洗液组成是(　)。

A. $K_2Cr_2O_7$+浓 H_2SO_4　　B. $K_2Cr_2O_7$+浓 HCl

C. $K_2Cr_2O_4$+浓 H_2SO_4　　D. $K_2Cr_2O_4$+浓 HCl

7.洗涤盛 $KMnO_4$ 溶液后产生的褐色污垢合适的洗涤剂是(　)。

A.有机溶剂　　B.碱性溶液　　C.工业盐酸　　D.草酸洗液

8.根据我国国家标准,按纯度可将试剂分为(　)级。

A.3　　B.4　　C.5　　D.6

9.按照化工部标准 HG3—119—64 的规定,我国的优级纯试剂用的标签是(　)。

A.红色　　B.蓝色　　C.黄色　　D.绿色

10.常用分析纯试剂的标签色带是(　)。

A.蓝色　　B.绿色　　C.黄色　　D.红色

11.下列物质中,不能用作基准物质的是(　)。

A.邻苯二甲酸氢钠　　B.草酸

C.氢氧化钠　　D.高锰酸钾

12.下列物质中不能在烘箱内烘干的是(　)。

A.硼砂　　B. Na_2CO_3　　C. $K_2Cr_2O_7$　　D.邻苯二甲酸氢钾

13.可用直接法配制成标准溶液的化合物是(　)。

A.氢氧化钠　　B.氯化钠

C.普通盐酸　　D.用于干燥的无水硫酸铜

14.实验室中,常用于标定盐酸标准溶液的物质是(　)。

A.氢氧化钠　　B.氢氧化钾　　C.氨水　　D.硼砂

15.下列指示剂中,变色范围在酸性范围的是(　)。

A.酚酞　　B.百里酚酞　　C.酚红　　D.甲基红

16.各种指示剂的变色范围值的幅度一般是(　)。

A.大于2个pH单位　　B.介于1~2个pH单位

C.小于1个pH单位　　D.无法确定

17.下列指示剂中,变色范围在碱性范围的是(　)。

A.酚酞　　B.甲基红

C.甲基黄　　D.甲基橙

18. 有两个变色范围的指示剂是( )。

A. 甲基红 B. 百里酚酞 C. 酚酞 D. 溴甲酚绿

19. 配制甲基橙指示剂选用的溶剂是( )。

A. 水—甲醇 B. 水—乙醇 C. 水 D. 水—丙酮

20. 不能用无色试剂瓶来贮存配好的标准溶液是( )。

A. H_2SO_4 B. NaOH C. Na_2CO_3 D. $AgNO_3$

21. pH=5 的盐酸溶液和 pH=12 的氢氧化钠溶液等体积混合时 pH 是( )。

A. 5.3 B. 7 C. 10.8 D. 11.7

22. 欲配制 pH=5 的缓冲溶液选用的物质组成是( )。

A. NH_3-NH_4Cl B. HAc-NaAc C. NH_3-NaAc D. HAc-NH_4

23. NaH_2PO_4-Na_2HPO_4 组成的缓冲溶液能将 pH 控制在( )。

A. pH 1.9～3.9 B. pH 3.7～5.7

C. pH 6.2～8.2 D. pH 8.3～10.3

24. NH_3 与 NH_4Cl 组成的缓冲溶液能将 pH 控制在( )。

A. pH 2.3～4.3 B. pH 3.7～5.7

C. pH 6.0～8.0 D. pH 8.3～10.3

25. 在分析化学实验室常用的去离子水中,加入 1～2 滴酚酞指示剂,则应呈现( )。

A. 蓝色 B. 紫色 C. 红色 D. 无色

26. 分析用水的质量要求中,不用进行检验的指标是( )。

A. 阳离子 B. 密度 C. 电阻率 D. pH

27. 物料量较大时最好的缩分物料的方法是( )。

A. 四分法 B. 使用分样器 C. 棋盘法 D. 用铁铲平分

28. 制得的分析试样应( ),供测定和保留存查。

A. 一样一份 B. 一样二份 C. 一样三份 D. 一样多份

29. 烘干基准物,可选用( )盛装。

A. 小烧杯 B. 研钵 C. 矮型称量瓶 D. 锥形瓶

30. 要改变分析天平的灵敏度可调节( )。

A. 吊耳 B. 平衡螺丝 C. 拔杆 D. 感量螺丝

31. 使分析天平较快停止摆动的部件是( )。

A. 吊耳 B. 指针 C. 阻尼器 D. 平衡螺丝

32. 使用分析天平前,首先应检查( )。

A. 天平是否清洁 B. 天平是否处于水平状态

C. 指针是否在零点　　D. 指针是否在平衡点

33. 取放砝码和被称量物体时，一定要（　）。

A. 先关门　　B. 缓慢转动升降钮

C. 把天平梁托起　　D. 调零点

34. 打开分析天平的升降钮，静止时指针所指的位置即为（　）。

A. 平衡点　　B. 零点　　C. 终点　　D. 临界点

35. 不慎撒落在天平盘上的粉状试剂，可用（　）清除。

A. 清洁的湿纱布　　B. 脱脂棉球　　C. 小毛刷　　D. 镊子

36. 使用显微镜时，动作要（　）。

A. 轻、慢　　B. 轻、快　　C. 用力、迅速　　D. 用力、缓慢

37. 显微镜的油浸镜应保存在（　）。

A. 油中　　B. 水中　　C. 干燥的镜盒中　　D. 镜筒上

38. 显微镜使用完毕后，油镜介质可用（　）擦净。

A. 纱布　　B. 绸布　　C. 擦镜纸　　D. 吸水纸

39. 称量易吸湿的固体样应用（　）盛装。

A. 研钵　　B. 表面皿　　C. 小烧杯　　D. 高型称量瓶

40. 有关容量瓶的使用正确的是（　）。

A. 通常可以用容量瓶代替试剂瓶使用

B. 先将固体药品转入容量瓶后加水溶解配制标准溶液

C. 用后洗净用烘箱烘干

D. 定容时，无色溶液弯月面下缘和标线相切即可

41. 能准确量取一定量液体体积的仪器是（　）。

A. 试剂瓶　　B. 刻度烧杯　　C. 吸量管　　D. 量筒

42. 不宜用碱式滴定管盛装的溶液是（　）。

A. NH_4SCN　　B. KOH　　C. $KMnO_4$　　D. NaCl

43. 下列仪器不能加热的是（　）。

A. 锥形瓶　　B. 容量瓶　　C. 坩埚　　D. 试管

44. 沉淀的（　）是使沉淀和母液分离的过程。

A. 过滤　　B. 洗涤　　C. 干燥　　D. 分解

45 布氏漏斗及抽滤瓶的作用是（　）。

A. 用于两种互不相溶液体的分离　　B. 气体发生器装置中加液用

C. 用于滴加溶液　　D. 用于晶体或沉淀的减压过滤

46. 不属于蒸馏装置的仪器是(　　)。

A. 蒸馏器　　B. 冷凝器　　C. 干燥器　　D. 接收器

47. 蒸馏装置安装使用不正确的选项是(　　)。

A. 温度计水银球应插入蒸馏烧杯内液面下

B. 各个塞子孔道应尽量做到紧密套进各部件

C. 各个铁夹不要夹得太紧或太松

D. 整套装置应安装合理端正、气密性好

48. 装配蒸馏装置的一般的顺序是(　　)。

A. 由下而上,由左而右　　B. 由大而小,由右而左

C. 由上而下,由左而右　　D. 由小而大,由右而左

49. 下面几种冷凝管,蒸馏乙醇宜选用的是(　　)。

A. 空气冷凝管　　B. 直形冷凝管　　C. 蛇形冷凝管　　D. 球形冷凝管

50. 适用于滴定分析法的化学反应必须具备的条件是(　　)。

A. 反应放热　　B. 反应吸热　　C. 反应完全　　D. 可以有副反应

51. 下列是有关滴定分析的化学反应必备的条件:

①反应完全;②反应迅速;③化学计量点易判别;④无干扰性杂质

⑤反应有沉淀;⑥一级反应

上述条件中,正确的有(　　)个。

A. 3　　B. 4　　C. 5　　D. 6

52. 下列有关滴定分析方法的说法中,错误的是(　　)。

A. 酸碱滴定法的原理是酸碱反应

B. 最常用的沉淀滴定法是银量法

C. 氧化还原滴定法又分为碘量法、重铬酸钾法等

D. 用氨羧络合剂测定多种金属离子的含量是最常用的络合滴定法

53. 下列方法中,不能使滴定终点更明显的是(　　)。

A. 选用合适的指示剂　　B. 采用较浓的试液

C. 采用较浓的标准液　　D. 延长指示剂显色时间

54. 滴定分析时,常用(　　)表示溶液的浓度。

A. 百分比浓度　　B. 质量浓度　　C. 体积百分比　　D. 物质的量浓度

55. 制备的标准溶液浓度与规定浓度相对误差不得大于(　　)。

A. 1%　　B. 3%　　C. 5%　　D. 8%

56. 下列不属于滴定分析所必须的条件是(　　)。

A. 反应完全　　B. 反应迅速　　C. 平衡反应　　D. 反应定量

57. 在滴定分析中，指示剂变色时停止滴定的点，与化学计量点的差值，称为（　）。

A. 滴定终点　　B. 滴定

C. 化学计量点　　D. 滴定误差

58. 下列说法中，正确的是（　）。

A. 被滴定溶液浓度越高，滴定曲线的 pH 突跃越短，指示剂的选择也越方便

B. 被滴定溶液浓度越高，滴定曲线的 pH 突跃越长，指示剂的选择越不方便

C. 被滴定溶液浓度越高，滴定曲线的 pH 突跃越长，指示剂的选择也越方便

D. 被滴定溶液浓度越高，滴定曲线的 pH 突跃越短，指示剂的选择越不方便

59. 在滴定分析中，一般要求滴定误差是（　）。

A. ≤0.1%　　B. >0.1%　　C. 0.2%　　D. >0.5%

60. 计算化学试剂用量时所用的分子质量要根据（　）提供的数据。

A. 参考书　　B. 操作规程　　C. 试剂标签　　D. 以上都错

61. 用 0.1 mol/L NaOH 滴定 0.1 mol/L CH_3COOH（$pK_a=4.74$）对此滴定适用的指示剂是（　）。

A. 酚酞　　B. 溴酚蓝　　C. 甲基橙　　D. 百里酚蓝

62. 配制好的 HCl 需贮存于（　）中。

A. 棕色橡皮塞试剂瓶　　B. 白色橡皮塞试剂瓶

C. 白色磨口塞试剂瓶　　D. 塑料瓶

63. 浓硫酸极易吸水，若用已敞口放置许久的浓硫酸标定 NaOH 溶液，所得结果会（　）。

A. 偏高　　B. 偏低　　C. 无影响　　D. 无法判断

64. 标定 NaOH 溶液常用的基准物是（　）。

A. 无水 Na_2CO_3　　B. 邻苯二甲酸氢钾

C. $CaCO_3$　　D. 硼砂

65. 以 0.100 0 mol/L 的 NaOH 溶液滴定 20.00 mL 0.100 0 mol/L 的 HCl 溶液，加入 20.02 mL 的 NaOH 后，溶液的 pH 是（　）。

A. 9.70　　B. 4.30　　C. 2.28　　D. 11.72

66. 用 0.1 mol/L HCl 滴定 $NaHCO_3$ 至有 CO_2 生成时，可选用的指示剂是（　）。

A. 甲基红　　B. 甲基橙　　C. 酚酞　　D. 中性红

67. 下列物质中，能用 NaOH 标准溶液直接滴定的是（　）

A. 苯酚　　B. NH_4Cl　　C. NaAc　　D. $H_2C_2O_4$

68. 酸碱滴定中，一般分别选用（　）来滴定强碱、弱碱时。

A. 强酸、弱酸　　B. 强酸、强酸　　C. 弱酸、弱酸　　D. 弱酸、强酸

69. 下列说法中，错误的是（　）。

A. 强酸、弱酸的等量点的 pH 不同　B. 强酸的等量点的 pH 不大于 7

C. 弱酸的等量点的 pH 小于 7　D. 强碱的等量点的 pH 不小于 7

70. 某碱样为 NaOH 和 Na_2CO_3 的混合液，用 HCl 标准溶液滴定，先以酚酞为指示剂，耗去 HCl V_1 mL，继以甲基橙为指示剂，又耗去 V_2 mL，V_1 与 V_2 的关系是（　）。

A. $V_1=V_2$　B. $V_1>V_2$　C. $V_1<V_2$　D. $2V_1=V_2$

71. 分析室常用的 EDTA 是（　）。

A. 乙二胺四乙酸　B. 乙二胺四乙酸二钠盐

C. 乙二胺四丙酸　D. 乙二胺

72. 国家标准规定的标定 EDTA 溶液的基准试剂是（　）。

A. MgO　B. ZnO　C. Zn 片　D. Cu 片

73. 水的硬度测定中，正确的测定条件包括（　）。

A. Ca 硬度 pH≥12 二甲酚橙为指示剂

B. 总硬度 pH=10 铬黑 T 为指示剂

C. 总硬度 NaOH 可任意过量加入

D. 水中微量 Cu^{2+} 可借加入三乙酸胺掩蔽

74. 与络合滴定所需控制的酸度无关的因素为（　）。

A. 金属离子颜色　B. 酸效应

C. 羟基化效应　D. 指示剂的变色

75. 以下关于 EDTA 标准溶液制备叙述错误的为（　）。

A. 使用 EDTA 分析纯试剂先配成近似浓度再标定

B. 标定条件与测定条件应尽可能接近

C. EDTA 标准溶液应贮存于聚乙烯瓶中

D. 标定 EDTA 溶液须用二甲酚橙指示剂

76. 在 Ca^{2+}、Mg^{2+} 混合液中，用 EDTA 法测定 Ca^{2+}，要消除 Mg^{2+} 的干扰，宜用（　）。

A. 控制酸度法　B. 络合掩蔽法　C. 离子交换法　D. 沉淀掩蔽法

77. 在 Fe^{3+}、Al^{3+}、Ca^{2+}、Mg^{2+} 的混合液中，用 EDTA 法测 Fe^{3+}、Al^{3+} 要消除 Ca^{2+}、Mg^{2+} 的干扰最简便的方法是（　）。

A. 沉淀分离　B. 络合掩蔽　C. 氧化还原掩蔽　D. 控制酸度

78. 下列氧化还原滴定法中，不需另加指示剂就能进行滴定的是（　）。

A. 高锰酸钾法　B. 碘量法　C. 重铬酸钾法　D. 溴酸钾法

79. 下列有关高锰酸钾法的说法，错误的是（　）。

A. 高锰酸钾不能用直接法配制

B. 蒸馏水溶解高锰酸钾后，不可立即标定浓度

C. 常用草酸钠标定高锰酸钾

D. 配制好的高锰酸钾溶液应放入广口瓶

80. 标定 $KMnO_4$ 溶液的基准试剂是（　）。

A. $Na_2C_2O_4$　　B. $(NH_4)_2C_2O_4$

C. Fe　　D. $K_2Cr_2O_7$

81. $K_2Cr_2O_7$ 法常用指示剂是（　）。

A. $Cr_2O_7^{2-}$　　B. CrO_4^{2-}

C. 二苯胺磺酸钠　　D. Cr^{3+}

82. 在酸性介质中，用 $KMnO_4$ 溶液滴定草酸盐，滴定应（　）。

A. 像酸碱滴定那样快进行　　B. 在开始时缓慢进行以后逐渐加快

C. 开始时快，然后缓慢　　D. 在近化学计量点时加快进行

83. 在含有少量 Sn^{2+} 的 $FeSO_4$ 溶液中，用 $K_2Cr_2O_7$ 法测定 Fe^{2+}，应先消除 Sn^{2+} 的干扰，宜采用（　）。

A. 控制酸度法　　B. 络合掩蔽法　　C. 沉淀掩蔽法　　D. 氧化还原掩蔽法

84. 在 H_3PO_4 存在下的 HCl 溶液中，用 0.1 mol/L $K_2Cr_2O_7$ 溶液滴定 0.1 mol/L Fe^{2+} 溶液，其化学计量点的电位值为 0.86 V，对此滴定最适宜的指示剂为（　）。

A. 次甲基蓝 $E^{0'}=0.36$ V　　B. 二苯胺磺酸钠 $E^{0'}=0.84$ V

C. 二苯胺 $E^{0'}=0.76$ V　　D. 邻二氮菲 Fe^{2+} $E^{0'}=1.06$ V

85. 碘量法中为防止 I_2 挥发不应（　）。

A. 加入过量 KI　　B. 室温下反应　　C. 降低溶液酸度　　D. 使用碘量瓶

86. 碘量法滴定的酸度条件为（　）。

A. 弱酸　　B. 强酸　　C. 弱碱　　D. 强碱

87. 下列离子中，对莫尔法不产生干扰的离子是（　）。

A. Pb^{2+}　　B. NO_2^-　　C. S^{2-}　　D. Cu^{2+}

88. 莫尔法测 NaCl 含量，要求介质的 pH 在 6.5～10.0 范围，若酸度过高，则（　）。

A. AgCl 沉淀不完全　　B. AgCl 沉淀易胶溶

C. AgCl 沉淀吸附 Cl^- 增强　　D. Ag_2CrO_4 沉淀不易形成

89. 莫尔法则 Cl^- 含量的酸度条件为（　）。

A. pH 6.5～10.0　　B. pH 1～2

C. pH 4～6　　　　D. pH 10～12

90. 莫尔法滴定中，指示剂 K_2CrO_4 的实际浓度为(　) mol/L。

A. 1.2×10^{-2}　　B. 0.015　　C. 3×10^{-5}　　D. 5×10^{-3}

91. 最常用的称量分析法是(　)。

A. 沉淀法　　B. 气化法(挥发法)

C. 电解法　　D. 萃取法

92. 微生物细胞中含量最多的成分是(　)。

A. 蛋白质　　B. 核酸　　C. 碳水化合物　　D. 水

93. 细菌细胞中含量最丰富的干物质是(　)。

A. 碳水化合物　　B. 脂肪　　C. 蛋白质　　D. 无机盐

94. 下列微生物中，属于真核生物的一组是(　)。

A. 放线菌、霉菌　　B. 霉菌、酵母菌　　C. 细菌、放线菌　　D. 酵母菌、细菌

95. 下列有关微生物营养的说法，不正确的是(　)。

A. 地球上的有机物几乎都能被微生物利用

B. 微生物不能利用重金属

C. 根据微生物所需营养和能源不同，可将它们分为自养型、异养型

D. 自养型微生物能以二氧化碳或碳酸盐作为碳源

96. 无机盐是微生物生命活动不可缺少的物质，下列选项中不属于它们功能的是(　)。

A. 作为自养菌的能源　　B. 调节体温

C. 构成菌体成分　　D. 作为酶的组成成分或激活剂

97. 以氧化有机物获得能量的微生物属于(　)。

A. 异养型　　B. 兼性自养型　　C. 自养型　　D. 化能型

98. 下列有关影响微生物生长的物理因素描述中，错误的是(　)。

A. 细胞芽孢较营养体更耐恶劣环境

B. 所有微生物都需在有氧条件下培养

C. 菌膜的形成完全取决于培养基的表面张力

D. 影响微生物遗传性能的射线有紫外线、X 射线等

99. 下列说法中，正确的是(　)。

A. 测定微生物生长的指标是细胞个体的增大量

B. 测定微生物生长的指标是细胞体积的变化量

C. 微生物的生长是指它将营养物质转变成细胞物质并引起体重增加的过程

D. 以上都错

100. 下列有关渗透压对微生物影响的描述中，错误的是（　）。
A. 突然改变和逐步改变渗透压对微生物的影响是相同的
B. 腌渍菜、加糖炼乳都是利用微生物不耐高渗透压的特性而采取的措施
C. 平皿计数法所用的稀释液应为等渗溶液，如 8.5% 盐溶液
D. 高渗和低渗溶液对微生物细胞作用方式不同，但都能导致菌体死亡
101. 下列因素中，不会影响微生物化学成分的是（　）。
A. 微生物的种类　B. 菌龄　C. 培养基　D. 菌体大小
102. 观察微生物动力学试验所用的接种方法是（　）。
A. 划线接种　B. 液体接种　C. 穿刺接种　D. 涂布接种
103. 下列有关细菌生长处于稳定期特点的描述，错误的是（　）。
A. 细胞净增量趋于零　B. 整个微生物处于动态平衡
C. 微生物不进行新的繁殖　D. 细胞的增殖量与死亡数几乎相等
104. 下列关于细菌生长曲线对数期特点的描述，错误的是（　）。
A. 它是生长曲线的第二阶段
B. 处于该阶段的微生物的净增速度最快，甚至以几何级数增加
C. 在此阶段，细胞代谢最旺盛
D. 微生物中没有死亡的细胞
105. 下列关于细菌衰亡期特点的描述，错误的是（　）。
A. 细胞数以几何级数下降　B. 微生物不再繁殖
C. 群体中活细胞数目急剧下降　D. 细胞死亡数大于增殖数
106. 进行微生物接种前，一般选用 70% 酒精擦手，该措施属于（　）。
A. 防腐　B. 消毒　C. 杀菌　D. 杀死微生物
107. 大肠菌群的生物学特征是（　）。
A. 革兰氏阳性，需氧和兼性厌氧　B. 革兰氏阴性，需氧和兼性厌氧
C. 革兰氏阳性，厌氧　D. 革兰氏阳性，需氧
108. MPN 是指（　）。
A. 100 g 样品中大肠菌群确切数　B. 1 g 样品中大肠菌群确切数
C. 1 g 样品中大肠菌群近似数　D. 100 g 样品中大肠菌群近似数
109. 大肠菌群测定的一般步骤是（　）。
A. 初发酵—分离—染色—复发酵　B. 初发酵—分离—复发酵—染色
C. 初发酵—复发酵—分离　D. 初发酵—复发酵
110. 大肠菌群复发酵的培养条件是（　）。
A. 36℃，24 h　B. 36℃，4 h　C. 36℃，48 h　D. 36℃，12 h

111. 平皿稀释法测定活菌数时，下列操作正确的是(　　)。

A. 将吸有溶液的吸量管插入稀释液　B. 稀释液一般是蒸馏水

C. 所有稀释都用同一支吸量管　D. 每次稀释后，应将样品充分摇匀

112. 测定菌落总数时采用的培养基是(　　)。

A. EMB 琼脂　B. 营养琼脂　C. B-P 琼脂　D. 三糖铁琼脂

113. 下列不属于培养基的 pH 对微生物活动影响的项目是(　　)。

A. 影响微生物体内外的渗透压差

B. 影响微生物对营养物质的吸收，酶的形成和活力

C. 影响微生物代谢途径

D. 影响环境因素，如对氧的溶解和氧化还原电位等

114. 测定微生物繁殖的指标是(　　)。

A. 细胞个体的大小　B. 细胞数目的增加

C. 细胞体积的增大　D. 以上都对

115. 下列有关湿热灭菌法的描述，正确的是(　　)。

A. 同一温度下，它的效果不如干热灭菌法

B. 针对不同物品有不同的灭菌温度和灭菌时间

C. 湿热时，蛋白质受蒸汽保护，不易变性

D. 高压蒸汽灭菌法是通过强大的压力将微生物杀死的

116. 目前常用干热灭菌的方法所采用的温度和时间是(　　)。

A. 100℃ 1 h　B. 100～110℃ 1～2 h

C. 180～190℃ 1～2 h　D. 160～170℃ 1～2 h

117. 用于菌落总数测定的营养琼脂的灭菌条件是(　　)。

A. 115℃，15 min　B. 121℃，15 min

C. 110℃，30 min　D. 95℃，30 min

118. 下列有关大肠杆菌的描述中，错误的是(　　)。

A. 革兰氏反应呈阴性　B. 菌体形态是短杆状

C. 菌体排列为一个或两个　D. 会形成孢子

119. 下列各项中，不是嗜热微生物耐高温的原因是(　　)。

A. 嗜热微生物体内的酶对热较稳定

B. 嗜热微生物的鞭毛具有抗热性

C. 嗜热微生物所含的饱和脂肪酸较多，不饱和脂肪酸较少

D. 嗜热微生物体内含水量高

120. 绝大多数微生物处于最低生长温度时的状态是(　　)。

A. 代谢活动正常,呈休眠状态

B. 代谢活动已减弱到极低程度,呈正常状态

C. 代谢活动已减弱到极低程度,呈休眠状态

D. 与处于最高生长温度时的状态相同

121. 测定菌落总数的营养琼脂 pH 应为(　　)。

A. 7.0～8.0　　B. 7.2～8.4　　C. 5.0～7.0　　D. 7.2～7.4

122. 测定菌落总数时,如各稀释度均无细菌生长,则报告为(　　)。

A. 0　　B. 未检出

C. <1 乘以最低稀释倍数　　D. 以上都不是

123. 细菌菌落计数时,发现－2、－3 稀释度的菌落分别为 230、38,那么该检样细菌数为(　　)个/g。

A. 46 000　　B. 23 000　　C. 69 000　　D. 20 000

124. 从液体样品中取出 0.2 mL 进行了 7 次稀释,每次稀释倍数是 10,最后取最终稀释液 0.2 mL 进行平板涂布,经保温培养后,测得 3 个平板的菌落数分别是 36、42 和 33,则由此得出原样品含该菌浓度为(　　)个/ mL。

A. 7.4×10^8　　B. 3.7×10^7　　C. 1.85×10^8　　D. 1.85×10^9

125. 根据国标的规定,鸡全蛋粉的大肠菌群指标为(　　)个/g。

A. ≤200　　B. ≤150　　C. ≤110　　D. ≤40

126. 乳糖结晶水的蒸发温度是(　　)。

A. 80℃　　B. 94℃　　C. 120℃　　D. 300℃

127. 测定牛乳中灰分含量时,所用的灼烧温度是(　　)。

A. 450℃　　B. 550℃　　C. 650℃　　D. 750℃

128. 测定牛乳中灰分含量时,坩埚恒重是指前后两次称量之差不大于(　　)。

A. 2 mg　　B. 0.2 mg　　C. 5 mg　　D. 0.5 mg

129. 以下测定牛乳中脂肪含量的各种方法中,属于重量法是(　　)。

A. 盖勃法　　B. 罗紫—哥特里法

C. 巴氏法　　D. 红外扫描法

130. 用罗紫—哥特里法测定牛乳中脂肪含量时,加入石油醚的作用是(　　)。

A. 易于分层　　B. 分解蛋白质

C. 分解糖类　　D. 增加脂肪极性

131. 罗紫—哥特利法测定牛乳中脂肪含量时,烘干温度为(　　)。

A. 90～100℃　　B. 80～90℃　　C. 100～102℃　　D. 110℃

132. 巴布科克法测定牛乳中脂肪含量时，加入硫酸的量为(　)。

A. 17.5 mL　B. 20 mL　C. 10.0 mL　D. 15.0 mL

133. 巴布科克法测定牛乳中脂肪含量时，离心速度为(　)r/min。

A. 2 000　B. 1 500　C. 1 000　D. 500

134. 盖勃法测定牛乳中脂肪含量时，加异戊醇的作用是(　)。

A. 调节样品比重　B. 形成酪蛋白钙盐

C. 破坏有机物　D. 促进脂肪从水相中分离

135. 盖勃法测牛乳中脂肪含量时，水浴温度是(　)。

A. 约 65℃　B. 约 80℃　C. 约 50℃　D. 约 100℃

136. 盖勃法测定牛乳中脂肪含量时，离心机转速为(　)r/min。

A. 2 500　B. 1 500　C. 1 100　D. 2 000

137. 凯氏定氮法测牛乳中蛋白质含量时，消化液中的氮以(　)形式馏出。

A. 氯化铵　B. 硫酸钠　C. 氢氧化铵　D. 硝酸铵

138. 测定甜牛乳中蔗糖含量时，转化温度为(　)。

A. 75℃　B. 35℃　C. 67℃　D. 100℃

139. 测定牛乳中乳糖含量时，费林氏液必须控制在(　)内沸腾。

A. 5 min　B. 4 min　C. 3 min　D. 2 min

140. 凯氏定氮法测牛乳中蛋白质含量时，消化液中的蛋白质是以(　)形式存在的。

A. 氯化铵　B. 碳酸铵　C. 硫酸铵　D. 氢氧化铵

141. 凯氏定氮法测食品中蛋白质含量时，蒸馏时间一般为(　)。

A. 5 min　B. 30 min　C. 60 min　D. 120 min

142. 莱因—埃农氏法测定总糖含量所用的指示剂是(　)。

A. 结晶紫　B. 甲基红　C. 次甲基蓝　D. 溴甲酚绿

143. 现有如下反应：$C_{12}H_{22}O_{11}$(乳糖)$+H_2O \rightarrow 2C_6H_{12}O_6$(葡萄糖)

$$C_6H_{12}O_6 \rightarrow 2C_2H_5OH + 2CO_2$$

请问：该反应是(　)

A. 乳酸发酵　B. 酒精发酵　C. 丙酸发酵　D. 丁酸发酵

144. 样品总糖含量如以蔗糖计算，则最后乘以系数(　)。

A. 1.05　B. 0.95　C. 1.10　D. 1.15

145. 测定食品中的灰分时，不能采用的助灰化方法是(　)。

A. 加过氧化氢　B. 提高灰化温度至 800℃

C. 加水溶解灰化残渣后继续灰化　　D. 加助灰化剂

146. 凯氏定氮法测蛋白质含量时，所用的消化剂是（　）。

A. 硫酸钠—硫酸钾　　B. 硝酸钠—硫酸钾

C. 硫酸铜—硫酸钡　　D. 硫酸铜—硫酸钾

147. 标定费林氏液时，基准乳糖的干燥温度为（　）。

A. 110℃　　B. 130℃　　C. 80℃　　D. 95℃

148. 若要测定水的总含量，应采用（　）。

A. 烘干法　　B. 减压干燥法　　C. 卡尔费休法　　D. 加热法

149. 乳粉水分检验中，恒重是指铝皿前后两次称量之差不大于（　）。

A. 5 mg　　B. 2 mg　　C. 0.5 mg　　D. 0.2 mg

150. 萃取分离方法基于各种不同物质在不同溶剂中（　）不同这一基本原理。

A. 分配系数　　B. 分离系数　　C. 萃取百分率　　D. 溶解度

151. 纸层析是在滤纸上进行的（　）分析法。

A. 色层　　B. 柱层　　C. 薄层　　D. 过滤

152. 用酸度计以浓度直读法测试液的 pH，先用与试液 pH 相近的标准溶液（　）。

A. 调零　　B. 消除干扰离子　　C. 定位　　D. 减免迟滞效应

153. 用酸度计测定试液的 pH 之前，要先用标准（　）溶液进行定位。

A. 酸性　　B. 碱性　　C. 中性　　D. 缓冲

154. 符合比耳定律的有色溶液稀释时，其最大吸收峰的波长（　）。

A. 向长波方向移动　　B. 向短波方向移动

C. 不移动，但峰高值降低　　D. 不移动，但峰高值增大

155. 721 型分光光度计的检测器是（　）。

A. 光电管　　B. 光电倍增管　　C. 硒光电池　　D. 测辐射热器

156. 分光光度法中，摩尔吸光系数与（　）有关。

A. 液层的厚度　　B. 光的强度　　C. 溶液的浓度　　D. 溶质的性质

157. 721 型分光光度计使用前，仪器应予热（　）min。

A. 0　　B. 5　　C. 10　　D. 20

158. 测量折光率的仪器是（　）。

A. 自动电导仪　　B. 阿贝折光仪　　C. 气相色谱仪　　D. 分光光度计

159. 为防止蒸馏过程中的（　），须加沸石或无釉小瓷片到蒸馏烧瓶中。

A. 沸腾现象　　B. 爆沸现象　　C. 爆炸现象　　D. 过热现象

160.蒸馏法测定沸程，温度计插入支管蒸馏烧瓶位置正确的是(　　)。

A.使温度计水银球接近所蒸馏的液面

B.使温度计水银球靠近蒸馏烧瓶瓶口

C.使温度计水银球上边缘与支管上边缘在同一水平面上

D.使温度计水银球上边缘与支管下边缘在同一水平面上

161.测定值减去真实值结果是(　　)。

A.相对误差　　B.相对偏差　　C.绝对误差　　D.绝对偏差

162.分析测定中出现的下列情况，何种属于偶然误差(　　)。

A.滴定时所加试剂中含有微量的被测物质

B.滴定管读取的数偏高或偏低

C.所用试剂含干扰离子

D.室温升高

163.重量法测定脂肪的含量结果分别是37.40%、37.20%、37.30%、37.50%、37.30%，其绝对平均偏差是(　　)。

A.0.088%　　B.0.24%　　C.0.010%　　D.0.122%

164.(0.023 4×4.303×71.07)/127.5的计算结果是(　　)。

A.0.056 125 9　　B.0.056　　C.0.056 1　　D.0.056 13

165.12.26+7.21+2.134 1，三个数相加，由计算器所得结果为21.604 1，应修约为(　　)。

A.21　　B.21.6　　C.21.60　　D.21.604

166.当煤中水分含量在5%～10%之间时，规定平行测定结果的允许绝对偏差不大于0.3%，对某一煤试样进行3次平行测定，其结果分别为7.17%、7.31%及7.72%，应弃去的是(　　)。

A.7.72%　　B.7.17%

C.7.72%、7.31%　　D.7.31%

167.称量法测定黄铁矿中硫的含量，称取样品0.385 3 g，下列结果合理的是(　　)。

A.36%　　B.36.41%　　C.36.4%　　D.36.413 1%

168.下列操作高压气瓶的措施不正确的是(　　)。

A.运输时气瓶帽应旋紧，要轻装轻卸

B.发现高压气瓶有泄漏，立即停止使用

C.操作者穿有油污的衣服使用氧气瓶

D.高压气瓶每次使用都应留有余地

169. 违背电器设备安全使用规则的是( )。

A. 电器设备起火,应立即切断电源

B. 电器设备着火应用泡沫灭火器灭火

C. 高温电炉在最高温度不宜工作时间太长

D. 不宜在电器设备附近堆放易燃易爆物

170. 有关用电操作正确的是( )。

A. 人体直接触及电器设备带电体

B. 用湿手接触电源

C. 使用超过电器设备额定电压的电源供电

D. 电器设备安装良好的外壳接地线

171. 下列单质有毒的是( )。

A. 硅　　B. 铝　　C. 汞　　D. 碳

172. 下列钠盐有剧毒的是( )。

A. NaCN　　B. Na_2CO_3　　C. $NaHCO_3$　　D. NaCl

173. 下列中毒急救方法错误的是( )。

A. 呼吸系统急性中毒时,应使中毒者离开现场,使其呼吸新鲜空气或做抗休克处理

B. H_2S 中毒立即进行洗胃,使之呕吐

C. 误食了重金属盐溶液立即洗胃,使之呕吐

D. 皮肤、眼、鼻受毒物侵害时立即用大量自来水冲洗

174. 常用酸中毒及急救不妥的是( )。

A. 溅到皮肤上立即用大量水或 2% $NaHCO_3$ 溶液冲洗

B. 误食盐酸可用 2% 小苏打溶液洗胃

C. 口腔被酸灼伤可用 NaOH 溶液含漱

D. HF 酸溅到皮肤上,立即用大量水冲洗,再用 5% 小苏打水洗,再涂甘油——氧化镁糊剂

175. 下列有关毒物特性描述错误的是( )。

A. 越易溶于水的毒物,危害性越大

B. 毒物颗粒越小,危害性越大

C. 挥发性越小,危害性越大

D. 沸点越低,危害性越大

176. 检查可燃气体管道或装置气路是否漏气,禁止使用( )。

A. 火焰　　B. 肥皂水

C. 十二烷基硫酸钠水溶液　　D. 部分管道浸入水中的方法

177. 蒸馏或回流易燃低沸点液体时操作错误的是（　）。

A. 在烧瓶内加数粒沸石防止液体暴沸

B. 加热速度宜慢不宜快

C. 用明火直接加热烧瓶

D. 烧瓶内液体不宜超过 1/2 体积

178. 分析实验室的试剂药品不应按（　）分类存放。

A. 酸、碱、盐等　　B. 官能团

C. 基准物、指示剂等　　D. 价格的高低

179. 腐蚀性试剂宜放在（　）的盘或桶中。

A. 塑料或搪瓷　　B. 玻璃或金属

C. 橡胶或有机玻璃　　D. 棕色或无色

180. 下列关于废液处理错误的是（　）。

A. 废酸液可用生石灰中和后排放

B. 废酸液用废碱液中和后排放

C. 少量的含氰废液可先用 NaOH 调节 pH>10 后再氧化

D. 量大的含氰废液可用酸化的方法处理

181.（　）是质量常使用的法定计量单位。

A. 牛顿　　B. 吨　　C. 千克　　D. 斤

182. 物质的摩尔质量的数值与它的分子质量相比是（　）。

A. 大　　B. 小　　C. 相等　　D. 无法判断

183. 同一溶液的物质的量浓度与质量分数浓度（　）。

A. 正相关　　B. 成反比　　C. 无关联　　D. 无法判断

184（　）属于易挥发液体样品。

A. 发烟硫酸　　B. 工业硫酸　　C. 硫酸溶液　　D. 水

185. 化验室常用的强碱试剂有（　）。

A. 纯碱和氢氧化钠　　B. 氢氧化钠和氢氧化钾

C. 盐酸和硼酸　　D. 苏打和氢氧化钾

186. 实验室中常用的铬酸洗液，用久后表示失效的颜色是（　）。

A. 黄色　　B. 绿色　　C. 红色　　D. 无色

187. 实验室中用以保干仪器的 $CoCl_2$、变色硅胶，使用失效时的颜色是（　）。

A. 红色　　B. 蓝色　　C. 黄色　　D. 黑色

188.我国现行的统一试剂规定等级和符号对应正确的是(　)。

A.优级纯 G.R　B.分析纯 C.R　C.化学纯 B.R　D.医用级 C.R

189.各种试剂按纯度从高到低的代号顺序是(　)。

A.GR>AR>CP　B.GR>CP>AR　C.AR>CP>GR　D.CP>AR>GR

190.基准物质的 4 个必备条件是(　)。

A.稳定、高纯度、易溶、分子质量大

B.稳定、高纯度、分子质量大、化学组成与化学式完全符合

C.易溶、高纯度、分子质量大、化学组成与化学式完全符合

D.稳定、易溶、分子质量小、化学组成与化学式完全符合

191.下列物质中,可用作基准物质的是(　)。

A.邻苯二甲酸氢钾　B.盐酸

C.氢氧化钠　D.碳酸氢钠

192.用于直接法配制标准溶液的试剂必须具备几个条件,不属于这些条件的是(　)。

A.稳定　B.纯度要合要求

C.物质的组成与化学式应完全符合　D.溶解性能好

193.以下物质必须用间接法制备标准溶液的是(　)。

A.$NaOH$　B.$K_2Cr_2O_7$　C.Na_2CO_3　D.ZnO

194.酸碱滴定时,添加指示剂的量应少些,对此解释错误的是(　)。

A.指示剂的量过多会使其变色不敏锐

B.指示剂是弱碱或弱酸,添加过多时会消耗一些滴定剂溶液

C.对单色指示剂而言,它的加入量对其变色范围有一定的影响

D.过量指示剂会稀释滴定液

195.等量的 0.1%酚酞乙醇溶液和 0.1%百里酚酞乙醇溶液的变色点是(　)。

A.pH 3.3　B.pH 5.1　C.pH 7.0　D.pH 9.9

196.某酸碱指示剂的 $K_{HIn}=1.0\times10^{-6}$,则从理论上推算其变色范围是(　)。

A.4～5　B.5～6　C.4～6　D.5～7

197.下列说法中,正确的是(　)。

A.被滴定溶液浓度越高,滴定曲线的 pH 突跃越长,指示剂的选择也越方便

B.被滴定溶液浓度越高,滴定曲线的 pH 突跃越长,指示剂的选择越不方便

C.被滴定溶液浓度越高,滴定曲线的 pH 突跃越短,指示剂的选择也越方便

D.被滴定溶液浓度越高,滴定曲线的 pH 突跃越短,指示剂的选择越不方便

198. 下列方法中，不能使滴定终点更明显的是(　)。

A. 选用合适的指示剂　　B. 采用较浓的试液

C. 采用较浓的标准液　　D. 延长指示剂显色时间

199. 配制酚酞指示剂选用的溶剂是(　)。

A. 水—甲醇　　B. 水—乙醇

C. 水　　D. 水—丙酮

200. 0.01 mol/L NaOH 溶液中$[H^+]$对 0.001 mol/L NaOH 溶液中$[H^+]$的倍数是(　)。

A. 10^6　　B. 10^{-11}　　C. 10^{-1}　　D. 10^{10}

201. 将 0.30 mol/L $NH_3 \cdot H_2O$ 100 mL 与 0.45 mol/L NH_4Cl 100 mL 混合所得缓冲溶液的 pH 是(　)。(设混合后总体积为混合前体积之和)

A. 11.85　　B. 6.78　　C. 9.08　　D. 13.74

202. 欲配制 pH=9 的缓冲溶液，应选(　)弱碱或弱酸和它们的强碱或强酸的盐来配制。

A. $NH_2OH(K_b=1\times10^{-9})$　　B. $HAC(K_a=1\times10^{-5})$

C. $NH_3 \cdot H_2O(K_b=1\times10^{-5})$　　D. $HNO_2(K_a=5\times10^{-4})$

203. $NaHCO_3$-Na_2CO_3 组成的缓冲溶液能将 pH 控制在(　)。

A. pH 1.9～3.9　　B. pH 3.7～5.7　　C. pH 6.2～8.2　　D. pH 9.3～11.3

204. HAc 与 NaAc 组成的缓冲液能把 pH 控制在(　)。

A. pH 3.7～5.7　　B. pH 8.3～10.3　　C. pH 2.3～4.3　　D. pH 6.0～8.0

205. 下列贮存试剂的方法中，错误的是(　)。

A. P_2O_5 存放于干燥器中　　B. $SnCl_2$ 密封于棕色玻璃瓶中

C. $AgNO_3$ 密封于塑料瓶中　　D. KOH 密封于塑料瓶中

206 采取的固体试样进行破碎时，应注意避免(　)。

A. 用人工方法　　B. 留有颗粒裂　　C. 破得太细　　D. 混入杂质

207. 固体化工制品，通常按袋或桶的单元数确定(　)。

A. 总样数　　B. 总样量　　C. 子样数　　D. 子样量

208. 下列各种装置中，不能用于制备实验室用水的是(　)。

A. 回馏装置　　B. 蒸馏装置　　C. 离子交换装置　　D. 电渗析装置

209. 使用不久的等臂双盘电光天平的灵敏度不合要求，则应以(　)细致地调整重心。

A. 水平调整脚　　B. 感量螺丝　　C. 平衡螺丝　　D. 调零杆

210. 根据电磁力补偿工作原理制造的天平是(　)。

A. 阻尼天平　B. 全自动机械加码电光天平

C. 电子天平　D. 工业天平

211. 下列天平能较快显示重量数字的是(　)。

A. 全自动机械加码电光天平　B. 半自动电光天平

C. 阻尼天平　D. 电子天平

212. 分析天平使用完毕后应(　)。

A. 关上砝码盒,盖上天平罩　B. 敞开天平门

C. 放下天平梁,关闭电源　D. 检查天平是否水平

213. 砝码和被称量物体的取放,都应在(　)进行。

A. 转动升降钮之后　B. 架好天平梁后

C. 指针有偏移时　D. 关上边门后

214. 应使用(　)拂去天平盘的灰尘或杂物。

A. 湿抹布　B. 小毛刷　C. 吸尘器　D. 手

215. 可通过(　)来用显微镜看到清晰的物体。

A. 旋动粗、细调节轮　B. 旋动目镜和物镜

C. 转动转换盘　D. 转动反射光镜

216. 可通过(　)来获得显微镜清晰明亮的视野。

A. 转动粗调节轮　B. 转动目镜　C. 转动集光镜　D. 转动反光镜

217. 显微镜的(　)应用绸布或擦镜纸擦拭。

A. 镜头　B. 反射镜　C. 调节轮　D. 虹彩光阑

218. 称量易挥发液体样品用(　)。

A. 称量瓶　B. 安瓿球　C. 锥形瓶　D. 滴瓶

219. 下面有关移液管的洗涤使用正确的是(　)。

A. 用自来水洗净后即可移液　B. 用蒸馏水洗净后即可移液

C. 用洗涤剂洗后即可移液　D. 用移取液润洗干净后即可移液

220. 下列容量瓶的使用不正确的是(　)。

A. 使用前应检查是否漏水　B. 瓶塞与瓶应配套使用

C. 使用前在烘箱中烘干　D. 容量瓶不宜代替试剂瓶使用

221. 下面移液管的使用正确的是(　)。

A. 一般不必吹出残留液

B. 用蒸馏水淋洗后即可移液

C. 用后洗净,加热烘干后可再用

D. 移液管只能粗略地量取一定量液体体积

222. 有关滴定管的使用错误的是(　)。

A. 使用前应洗干净,并检漏

B. 滴定前应保证尖嘴部分无气泡

C. 要求较高时,要进行体积校正

D. 为保证标准溶液浓度不变,使用前可加热烘干

223. 宜用棕色滴定管盛装的标准溶液是(　)。

A. NaC　　B. NaOH　　C. $K_2Cr_2O_7$　　D. $KMnO_4$

224. 有关布氏漏斗及抽滤瓶的使用不正确的是(　)。

A. 不能直接加热

B. 滤纸要略小于漏斗的内径

C. 过滤完毕后,先关抽气管,后断开抽气管与抽滤瓶的连接处

D. 使用时宜先开抽气管,后过滤

225. 用气化法测定某固体样中含水量可选用(　)。

A. 矮型称量瓶　　B. 表面皿　　C. 高型称量瓶　　D. 研钵

226. 蒸馏某种很低沸点的液体应选用(　)。

A. 空气冷凝管　　B. 直形冷凝管　　C. 蛇形冷凝管　　D. 球形冷凝管

227. 下列选项中,蒸馏无法达到目的的是(　)。

A. 测定液体化合物的沸点　　B. 分离两种沸点相近互不相溶的液体

C. 提纯,除去不挥发的杂质　　D. 回收溶剂

228. 有关蒸馏操作不正确的是(　)。

A. 加热前应加入数粒止暴剂　　B. 应在加热前向冷凝管内通入冷水

C. 应用大火快速加热　　D. 蒸馏完毕应先停止加热,后停止通水

229. 冷凝过程的目的是(　)。

A. 将馏分稀释　　B. 溶解馏分

C. 使馏分更纯　　D. 使馏分由气态变为液态

230. 下列不属于滴定分析所必需的条件是(　)。

A. 反应完全　　B. 反应迅速　　C. 平衡反应　　D. 反应定量

231. 滴定分析可分为以下 4 类,正确的是(　)。

A. 酸碱滴定法、沉淀滴定法、称量法、络合滴定法

B. 酸碱滴定法、沉淀滴定法、称量法、氧化还原滴定法

C. 酸碱滴定法、沉淀滴定法、络合滴定法、氧化还原滴定法

D. 酸碱滴定法、称量法、络合滴定法、氧化还原滴定法

232. 滴定误差的实质是(　　)。

A. 操作失误　　B. 终点失误

C. 个人主观误差　　D. 标准溶液的浓度误差

233. 滴定分析用标准溶液是(　　)。

A. 确定了浓度的溶液

B. 用基准试剂配制的溶液

C. 用于滴定分析的溶液

D. 确定了准确浓度、用于滴定分析的溶液

234. 标准溶液采用(　　)表示其浓度。

A. 体积百分比　B. 质量百分比　C. 物质的量浓度　D. 质量体积比

235. 用于直接法制备标准溶液的试剂是(　　)。

A. 专用试剂　B. 基准试剂　C. 分析纯试剂　D. 化学纯试剂

236. 在滴定分析中，一般利用指示剂颜色的突变来判断化学计量点的到达，在指示剂变色时停止滴定，这一点称为(　　)。

A. 化学计量点　B. 滴定终点　C. 滴定　D. 滴定误差

237. 以直接滴定法测定固体试样中某组分含量时，用同一标准溶液，一次在10℃进行，另一次在30℃时进行，其他条件相同，测得的结果是(　　)。

A. 与温度无关　B. 与温度成反比　C. 30℃时较高　D. 10℃时较高

238. 标准溶液与待测组分按 $aA+bB=cC+dD$ 反应，在化学计量点时，待测组分 B 物质的量应为(　　)。

A. $n_B=n_A\times a/b$　　B. $n_B=n_A\times b/a$

C. $n_B=n_C\times n_A\times c/b$　　D. $n_B=(n_C\times c/b)\times(n_A\times a/b)$

239. 质量为 mg，摩尔质量为 M g/mol 的物质 A，溶于水后移至 VL 的容量瓶中，稀释到刻度，则其物质的量浓度 c_A 等于(　　)。

A. $(M/m)\times(1/V)$　　B. $(m/M)\times V$

C. $(m/M)\times(1/V)$　　D. $(M/m)\times V$

240. 物质的量浓度相同的下列物质的水溶液，其 pH 最高的是(　　)。

A. Na_2CO_3　B. NaAc　C. NH_4Cl　D. NaCl

241. 配制 HCl 标准溶液宜取的试剂规格是(　　)。

A. HCl(AR)　B. HCl(GR)　C. HCl(LR)　D. HCl(CP)

242. 下列说法中，正确的是(　　)。

A. 强酸滴定弱碱时的等量点大于 7　B. 强碱滴定弱酸时的等量点大于 7

C. 强碱滴定弱酸时的等量点等于 7　D. 强酸滴定弱碱时的等量点等于 7

243. 常用于滴定氢氧化钙的酸是（　）。

A. 磷酸　B. 硫酸　C. 醋酸　D. 盐酸

244. 以 0.100 0 mol/L 的 NaOH 溶液滴定 20.00 mL 0.100 0 mol/L 的 HCl 溶液，加入 20.00 mL 的 NaOH 后，溶液的 pH 是（　）。

A. 0　B. 1　C. 7　D. 14

245. 用邻苯二甲酸氢钾标定 NaOH 时，宜选的指示剂是（　）。

A. 甲基橙　B. 甲基红　C. 溴酚蓝　D. 酚酞

246. 配制好的 NaOH 需贮存于（　）中。

A. 白色磨口试剂瓶　B. 棕色磨口试剂瓶

C. 白色橡皮塞试剂瓶　D. 大烧杯

247. 某优级纯草酸（$H_2C_2O_4 \cdot 2H_2O$）长期保存在放有硅胶的干燥器中，用它作基准物质标定 NaOH 溶液的浓度时，其结果是（　）。

A. 不变　B. 偏高　C. 偏低　D. 无法判断

248. 下列误差中不属于酸碱滴定的系统误差的是（　）。

A. 滴定误差　B. 仪器误差　C. 个人误差　D. 操作错误

249. 下列指示剂变色范围（pH）为 3.1～4.4 的是（　）。

A. 甲基黄　B. 甲基橙

C. 甲基红　D. 中性红

250. 某碱液可能为 NaOH 或 $NaHCO_3$ 或 Na_2CO_3 或它们的混合物，用标准 HCl 滴定至酚酞终点时，耗去酸 V_1 mL，继以甲基橙为指示剂，又耗去 V_2 mL，且 $V_1 < V_2$，由此碱液为（　）。

A. $NaHCO_3 + Na_2CO_3$　B. $Na_2CO_3 + NaOH$

C. $NaOH + NaHCO_3$　D. $NaOH + NaHCO_3 + Na_2CO_3$

251. 分析室常用的 EDTA 水溶液呈（　）性。

A. 强碱　B. 弱碱　C. 弱酸　D. 强酸

252. 可用于测定水硬度的方法有（　）。

A. EDTA 法　B. 碘量法　C. $K_2Cr_2O_7$　D. 重量法

B. 总硬度 pH=10 铬黑 T 为指示剂

C. 总硬度 NaOH 可任意过量加入

D. 水中微量 Cu^{2+} 可借加入三乙醇胺掩蔽

253. 某溶液主要含有 Ca^{2+}、Mg^{2+} 及少量 Fe^{3+}、Al^{3+}，在 pH=10 时加入三乙醇胺，以 EDTA 滴定，用铬黑 T 为指示剂，则测出的是（　）。

A. Mg^{2+} 量　B. Ca^{2+} 量

C. Ca^{2+}、Mg^{2+}量　　D. Fe^{3+}、Al^{3+}、Ca^{2+}、Mg^{2+}总量

254. EDTA 同阳离子结合生成(　　)。

A. 螯合物　　B. 聚合物

C. 离子交换剂　　D. 非化学计量的化合物

255. 在络合滴定中,直接滴定法的条件包括(　　)。

A. $\lg cK'_{mY} \leqslant 8$　　B. 溶液中无干扰离子

C. 有变色敏锐无封闭作用的指示剂　　D. 反应在酸性溶液中进行

256. EDTA 与金属离子络合的主要特点有(　　)。

A. 因生成的络合物稳定性很高,故 EDTA 络合能力与溶液酸度无关

B. 能与所有的金属离子形成稳定的络合物

C. 无论金属离子有无颜色,均生成无色络合物

D. 生成的络合物大都易溶于水

257. 络合滴定中准确滴定金属离子的条件一般是(　　)。

A. $\lg c_m K_{mY} \geqslant 8$　　B. $\lg c_m K'_{mY} \geqslant 6$　　C. $\lg K'_{mY} \geqslant 6$　　D. $\lg K_{mx} \geqslant 6$

258. 下列不属于氧化还原滴定方法的是(　　)。

A. 高锰酸钾法　　B. 银量法　　C. 碘量法　　D. 重铬酸钾法

259. 下列有关高锰酸钾法的说法,正确的是(　　)。

A. 滴定时,常用酚酞作指示剂

B. 反应时,常用氢氧化钠调节溶液成碱性

C. 用草酸钠标定高锰酸钾溶液

D. 滴定前,要用滤纸过滤高锰酸钾溶液

260. 氯气常用(　　)作吸收剂。

A. 碘标准溶液　　B. 盐酸标准溶液　　C. 碘化钾溶液　　D. 乙酸锌溶液

261. 以 0.01 mol/L,$K_2Cr_2O_7$ 溶液滴定 25.00 mL Fe^{2+} 溶液耗去 $K_2Cr_2O_7$ 25.00 mL,1 mL Fe^{2+} 溶液含 Fe(M_{Fe}=55.85 g/mol)(　　)mg。

A. 3.351　　B. 0.335 1　　C. 0.558 5　　D. 1.676

262. $KMnO_4$ 标准溶液配制时,正确的是(　　)。

A. 将溶液加热煮沸,冷却后用砂心、漏斗过滤贮存于棕色试剂瓶中

B. 将溶液加热煮沸 1 h,放置数日,用砂心、漏斗过滤贮存于无色试剂瓶中

C. 将溶液加热煮沸 1 h,放置数日,用砂心、漏斗过滤贮存于棕色试剂瓶中

D. 将溶液加热,待完全溶解,放置数日,贮存于棕色试剂瓶中

263. 增加反应酸度时,氧化剂的电极电位会增大的是(　　)。

A. $K_2Cr_2O_7$　　B. I_2　　C. $Ce(SO_4)_2$　　D. Cu^{2+}

264. 以 $K_2Cr_2O_7$ 标定 $Na_2S_2O_3$ 溶液时，滴定前加水稀释是为了（　）。

A. 便于滴定操作　　B. 防止淀粉凝聚

C. 防止 I_2 挥发　　D. 减少 Cr^{3+} 绿色对终点的影响

265. 间接碘量法中加入淀粉指示剂的适宜时间是（　）。

A. 滴定开始时

B. 滴定至近终点时

C. 滴定至 I_3^- 的红棕色褪尽，溶液呈无色时

D. 在标准溶液滴定了近 50%时

266. 可用于沉淀滴定法的沉淀反应应具备的条件是（　）。

A. 反应放热、反应迅速、滴定终点易确定、沉淀物溶解度小

B. 反应放热、反应迅速、反应完全、滴定终点易确定

C. 反应迅速、反应完全、滴定终点易确定、沉淀物溶解度小

D. 反应完全、反应放热、平衡反应、沉淀物溶解度小

267. 莫尔法确定终点的指示剂是（　）。

A. 荧光黄　　B. $K_2Cr_2O_7$

C. $NH_4Fe(SO_4)_2$　　D. K_2CrO_4

268. 莫尔法不适于测定（　）。

A. Cl^-　　B. Br^-　　C. I^-　　D. Ag^+

269. 莫尔法测 Cl^-，终点时溶液的颜色为（　）色。

A. 砖红　　B. 黄绿　　C. 纯蓝　　D. 橙黄

270. 佛尔哈德法测 NaCl 含量的酸度条件为（　）。

A. 中性弱碱性　　B. 强酸性　　C. 弱酸性　　D. 强碱性

271. 按微生物营养类型划分，多数微生物属于（　）。

A. 光能自养型　　B. 化能异养型　　C. 化能自养型　　D. 光能异养型

272. 微生物细胞的主要组成元素是（　）。

A. 碳、氢、氧、氮、磷　　B. 碳、氧、氮、磷、钙

C. 碳、氢、氮、钙、铁　　D. 碳、氢、氧、钠、磷

273. 下列微生物中，属于原核生物的一组是（　）。

A. 细菌、霉菌　　B. 酵母菌、放线菌

C. 细菌、放线菌　　D. 霉菌、酵母菌

274. 下列细菌中，属于低温菌的是（　）。

A. 保加利亚乳杆菌　　B. 无色杆菌

C. 双歧杆菌　　D. 大肠杆菌

275.下列 4 种微生物中，属于乳酸菌的是(　　)。

A.丙酸菌　　B.保加利亚乳杆菌

C.大肠杆菌　　D.丁酸菌

276.下列有关盐类对微生物影响的说法，正确的是(　　)。

A.盐类的特性、浓度、pH、作用时的温度都会影响盐类的作用效果

B.一般而言，盐类浓度高时对微生物是有益的

C.盐浓度的高低对微生物的作用效果是一样的

D.阳离子的价键高低对作用效果无影响

277.下列属于非细胞形态的微生物是(　　)。

A.病毒　　B.细菌　　C.藻类　　D.原生动物

278.下列元素中，不属于微生物生长所需的微量元素是(　　)。

A.铜　　B.铁　　C.钙　　D.锌

279.下列有关温度对微生物影响的描述，错误的是(　　)。

A.高温引起菌体内酶失活和蛋白质变性是加热杀菌方法的理论基础

B.微生物在超过最高生长温度以上的环境中会死亡，且温度越高死亡越快

C.幼龄菌、中龄菌和老龄菌对低温的敏感性是一致的

D.在低温时，一部分微生物死亡，但大部分只是代谢活动减弱和降低

280.金属离子对微生物的生命活动有重要作用，下列说法错误的是(　　)。

A.金属离子对微生物无毒害作用

B.某些金属离子是酶活性的组分，或者是酶的激活剂

C.金属离子参与细胞组成

D.铁和铜等是某些酶的活性基团

281.水在微生物中有重要功能，下列选项中不属于这些功能的是(　　)。

A.调节体温　　B.直接参与代谢　　C.作为能源　　D.作为溶剂

282.细菌生长曲线共分 4 个阶段，按时间先后排序正确的是(　　)。

A.延迟期、稳定期、衰亡期、对数期　　B.对数期、衰亡期、稳定期、延迟期

C.延迟期、对数期、稳定期、衰亡期　　D.衰亡期、对数期、延迟期、稳定期

283.细菌生长曲线中，第一阶段是(　　)。

A.延迟期　　B.稳定期　　C.衰亡期　　D.对数期

284.微生物细胞在分裂时会发生某些变化，下列描述正确的是(　　)。

A.细胞物质保持稳定　　B.体积减小

C.形成一横膈膜　　D.细胞变短

285. 下列各组中属于细胞特殊结构的是(　　)。

A. 细胞壁、荚膜、鞭毛　　B. 细胞质、鞭毛、芽孢

C. 细胞膜、荚膜、芽孢　　D. 荚膜、芽孢、鞭毛

286. 大肠菌群的生物学特性是(　　)。

A. 发酵乳糖,产酸,不产气　　B. 不发酵乳糖,产酸,产气

C. 发酵乳糖,产酸,产气　　D. 发酵乳糖,不产酸,不产气

287. 大肠菌群在 EMB 平板上的菌落特征是(　　)。

A. 白色针尖状　　B. 金黄色葡萄球菌

C. 黑色　　D. 红色

288. 测定大肠菌群时,经 EMB 平板分离后要确定是否大肠菌群还要经过(　　)。

A. 三糖铁试验　　B. V. P 试验

C. 复发酵和革兰氏染色　　D. 硫化氢试验

289. 大肠菌群初发酵的培养条件是(　　)。

A. 36℃,24 h　　B. 25℃,1 周　　C. 36℃,48 h　　D. 36℃,4 h

290. 最常用的活菌计数法是(　　)。

A. 称量法　　B. 血球计数法

C. 平皿计数法　　D. 测细胞中某些生理活性的变化

291. 平皿计数法测定活菌数时,一般将待测菌液作一系列(　　)倍稀释。

A. 5　　B. 10　　C. 50　　D. 100

292. 粪大肠菌群检验是将所有产气的乳糖胆盐发酵管培养物转种于(　　)培养基。

A. 乳糖发酵管　　B. 葡萄糖发酵管

C. 蛋白胨水管　　D. EC 肉汤管

293. 下列关于培养基的氧化还原电位说法正确的是(　　)。

A. 氢的分压高,氧化还原电位低　　B. pH 低时,氧化还原电位低

C. 氧的分压高,氧化还原电位低　　D. pH 对氧化还原电位无影响

294. 下列有关湿热灭菌法的描述,错误的是(　　)。

A. 煮沸也是湿热灭菌法的一种

B. 巴氏灭菌法采用 62℃加热 30 min 或 70℃加热 15 min

C. 间歇灭菌法是最常用的湿热灭菌法

D. 高压蒸汽灭菌法是利用高压获得高温蒸汽,并利用蒸汽的高温杀死微生物

295. 利用物理或化学因子使存在于物体中的所有微生物(包括最耐热的芽孢)永久性地丧失其生活能力,这就是(　　)。

A. 消毒　　B. 灭菌　　C. 防腐　　D. 以上都错

296.烧开水是一种(　　)措施。

A.防腐　　B.消毒　　C.灭菌　　D.致死

297.紫外灯照射是(　　)措施。

A.防腐　　B.消毒　　C.灭菌　　D.以上都错

298.下列有关大肠杆菌的描述,错误的是(　　)。

A.它属于肠道菌群　　B.60℃加热30 min可被杀死

C.10℃以下仍能生长　　D.不产生β-羟基丁酮

299.一般而言,嗜热微生物的最适生长温度较嗜温微生物的(　　)。

A.低　　B.高　　C.相似　　D.无法评估

300.目前菌落总数的测定多用(　　)。

A.平皿计数法　　B.血细胞计数法　　C.稀释法　　D.涂布法

301.目前菌落总数的测定多用(　　)。

A.平皿计数法　　B.血细胞计数法　　C.稀释法　　D.涂布法

302.根据国标规定,特级甜炼乳细菌总数指标为(　　)个/g。

A.≤15 000　　B.≤25 000　　C.≤30 000　　D.≤40 000

303.菌落总数测定时,如-2的稀释度平皿上的菌落数为295个,-3稀释度上菌落46个,那么该样品中实际菌落数为(　　)个/g。

A.24 000　　B.48 000　　C.38 000　　D.56 000

304.根据国标的规定,特级全脂甜炼乳的大肠菌群的指标为(　　)。

A.≤140个/100 g　　B.≤160个/g

C.≤90个/g　　D.≤40个/100 g

305.理化检验选用的试剂,其标签上必须有的标注项目是(　　)。

A.纯度、状态和杂质含量等　　B.品级、纯度和价格等

C.纯度、价格和杂质含量等　　D.品级、纯度和杂质含量等

306.以下各化合物中,不可能存在于灼烧残留物中的是(　　)。

A.氯化钠　　B.碳酸钙　　C.蛋白质　　D.氧化铁

307.测定牛乳中灰分含量时,放入干燥器的坩埚温度不得高于(　　)。

A.200℃　　B.300℃　　C.410℃　　D.350℃

308.测定牛乳中脂肪含量的基准方法是(　　)。

A.盖勃法　　B.罗紫—哥特里法

C.巴氏法　　D.索氏抽提法

309.以下测定脂肪的方法中,不适于牛乳中脂肪测定的是(　　)。

A.巴氏法　　B.罗紫—哥特里法

C. 盖勃法　　　　　　　　D. 酸水解法

310. 用罗紫—哥特里法测定牛乳中脂肪含量时，溶解乳蛋白所用的试剂是(　)。

A. 盐酸　　B. 乙醇　　C. 乙醚　　D. 氨水

311. 测定水的硬度所用的标准溶液是(　)。

A. HCl　　B. NaOH　　C. EDTA　　D. $AgNO_3$

312. 巴布科克法测定牛乳中脂肪含量时，取样量为(　)。

A. 17.6 mL　　B. 20 mL　　C. 10.75 mL　　D. 15 mL

313. 如果用盖勃法测定牛乳中脂肪含量，应选用的乳脂计型号是(　)。

A. 1%　　B. 7%　　C. 35%　　D. 40%

314. 盖勃法测定牛乳中脂肪含量时，乳脂计的读数方法是(　)。

A. 读取酸层和脂肪层的最高点

B. 读取酸层和脂肪层的最低点

C. 读取酸层和脂肪层最高和最低点的平均数

D. 以上都不是

315. 下列关于盖勃法测定脂肪含量的叙述，不正确的是(　)。

A. 对于不同样品，选用不同的乳脂计

B. 试剂使用前应鉴定

C. 直接使用分析纯硫酸

D. 全过程包括两次保温，一次离心

316. 测定牛乳中乳糖含量时，会干扰测定的离子是(　)。

A. 钙离子　　B. 磷酸根离子　　C. 草酸根离子　　D. 磷酸氢根离子

317. 热滴定法测定牛乳中乳糖和蔗糖含量时，用(　)的颜色指示滴定终点。

A. 酒石酸钾钠　　B. 葡萄糖　　C. 氧化铜　　D. 硫酸铜

318. 测定牛乳中的水分时，加入海砂的作用是(　)。

A. 加大蒸发面积　B. 提高加热强度　C. 减小烘干时间　D. 保护易挥发成分

319. 凯氏定氮法测牛乳中蛋白质含量时不可用作助消化剂的是(　)。

A. 过氧化氢　　B. 硝酸　　C. 硫酸铜　　D. 硫酸钾

320. 莱因—埃农氏法测定总糖含量的原理是(　)。

A. 氧化还原滴定　B. 沉淀滴定　　C. 酸碱滴定　　D. 络合滴定

321. 根据 GB5410 的规定，特级全脂乳粉细菌总数指标应为(　)个/g。

A. ≤50 000　　B. ≤20 000　　C. ≤30 000　　D. ≤4 000

322. 下列过程，不属于乳品正常发酵的是（　）。

A. 乳酸发酵　B. 酒精发酵　C. 丙酸发酵　D. 丁酸发酵

323. 在测定食品中灰分含量时，灼烧残留物中不可能存在的是（　）。

A. 蔗糖　B. 钠　C. 钾　D. 氯

324. 测定食品中蛋白质含量的仲裁方法是（　）。

A. 双缩脲法　B. 凯氏定氮法

C. 紫外法　D. 考马斯亮蓝染色法

325. 凯氏定氮法测蛋白质含量的试验中，混合指示剂是由 0.1% 溴甲酚绿和 0.1% 甲基红按（　）的比例配比而成的。

A. 1∶5　B. 1∶2　C. 2∶1　D. 5∶1

326. 标定费林试液时，基准蔗糖的干燥温度是（　）。

A. 105℃　B. 115℃　C. 121℃　D. 90℃

327. 水分测定时，铝皿在干燥器中的干燥时间一般为（　）。

A. 1 h　B. 2 h　C. 3 h　D. 0.5 h

328. 测定乳粉水分含量时所用的干燥温度为（　）。

A. 80～90℃　B. 95～105℃　C. 60～70℃　D. 115～120℃

329 通常使用（　）来进行溶液中物质的萃取。

A. 离子交换柱　B. 分液漏斗　C. 滴定管　D. 柱中色谱

330. 酸度计使用前必须熟悉使用说明书，其目的在于（　）。

A. 掌握仪器性能，了解操作规程　B. 了解电路原理图

C. 掌握仪器的电子构件　D. 了解仪器结构

331. 酸度计测量出的是（　），而刻度的是 pH。

A. 电池的电动势　B. 电对的强弱　C. 标准电极电位　D. 离子的活度

332. 分光光度法的吸光度与（　）无关。

A. 入射光的波长　B. 液层的高度　C. 液层的厚度　D. 溶液的浓度

333. （　）不属于显色条件。

A. 显色剂浓度　B. 参比液的选择　C. 显色酸度　D. 显色时间

334. 在分光光度法中（　）不会导致偏离朗伯—比尔定律。

A. 实际样品的浑浊　B. 蒸馏水中有微生物

C. 单色光不纯　D. 测量波长的区域

335. 721 型分光光度计单色器的色散元件是（　）。

A. 滤光片　B. 玻璃棱镜

C. 石英棱镜　D. 光栅

336. 反射镜或准直镜脱位，将造成 721 型分光光度计光源灯亮但(　　)的故障。

A. 无法调零　　B. 无法调“100%”

C. 无透射光　　D. 无单色光

337. 折光率是指光线在空气(真空)中传播的速度与在其他介质中传播速度的(　　)。

A. 比值　　B. 差值　　C. 正弦值　　D. 平均值

338. 纯净物料的沸程，一般在(　　)左右。

A. 1℃　　B. 3℃　　C. 5℃　　D. 0.1℃

339. 个别测定值减去平行测定结果平均值，所得的结果是(　　)。

A. 绝对偏差　　B. 绝对误差　　C. 相对偏差　　D. 相对误差

340. 在滴定分析法测定中出现的下列情况，哪种导致系统误差(　　)。

A. 滴定时有液滴溅出　　B. 砝码未经校正

C. 滴定管读数读错　　D. 试样未经混匀

341. 对同一样品分析，采取同样的方法，测得的结果 37.44%、37.20%、37.30%、37.50%、37.30%，则此次分析的相对平均偏差为(　　)。

A. 0.30%　　B. 0.54%　　C. 0.26%　　D. 0.18%

342. 对同一样品分析，采取一种相同的分析方法，每次测得的结果依次为 31.27%、31.26%、31.28%，其第 1 次测定结果的相对偏差是(　　)。

A. 0.03%　　B. 0.00%　　C. 0.06%　　D. −0.01%

343. 由计算器算得 $(2.236\times1.1124)/(1.036\times0.2000)$ 的结果为 12.004 471，按有效数字运算规则，应将结果修约为(　　)。

A. 12.00　　B. 12.004 5　　C. 12　　D. 12.0

344. 在一组平行测定中，测得试样中钙的百分含量分别为 22.38，22.39，22.36，22.40 和 22.48，用 Q 检验判断，应弃去的是(　　)。(已知：$Q_{0.90}=0.64$，$n=5$ 时)。

A. 22.38　　B. 22.40　　C. 22.48　　D. 22.39

345. 某人根据置信度为 95% 对某项分析结果计算后，写出如下报告，合理的是(　　)。

A. 25.48%±0.1%　　B. 25.48%±0.135%

C. 25.48%±0.1348%　　D. 25.48%±0.13%

346. 下列有关高压气瓶的操作正确的选项是(　　)。

A. 气阀打不开用铁器敲击　　B. 使用已过检定有效期的气瓶

C. 冬天气阀冻结时，用火烘烤　　D. 定期检查气瓶、压力表、安全阀

347. 高压气瓶的使用不正确的是（　）。

A. 化验室内的高压气瓶要制定管理制度和操作规程

B. 使用高压气瓶的人员，必须正确操作

C. 开阀时速度要快

D. 开关瓶的气阀时，应在气阀接管的侧面

348. 下列叙述正确的是（　）。

A. 新购的电器仪器一定能正常使用

B. 固体药品可直接放入烘箱隔板上烘烤

C. 电水浴锅水量不足时应停电补加

D. 电器仪器着火，立即用水扑灭

349. 违背剧毒品管理的选项是（　）。

A. 使用时应熟知其毒性以及中毒的急救方法

B. 未用完的剧毒品应倒入下水道，用水冲掉

C. 剧毒品必须由专人保管，领用必须领导批准

D. 不准用手直接去拿取毒物

350. 下列氧化物有剧毒的是（　）。

A. Al_2O_3　B. As_2O_3　C. SiO_2　D. ZnO

351. 误服氢氧化钾中毒，可用下列方法处理（　）。

A. 洗胃　B. 催吐剂　C. 服用稀醋酸　D. 服用稀盐酸

352. 有关汞的处理错误的是（　）。

A. 汞盐废液先调节 pH 至 8～10 加入过量 Na_2S 后再加入 $FeSO_4$ 生成 HgS、FeS 共沉淀再作回收处理

B. 洒落在地上的汞可用硫黄粉盖上，干后清扫

C. 实验台上的汞可采用适当措施收集在有水的烧杯

D. 散落过汞的地面可喷洒 20%$FeCl_2$ 水溶液，干后清扫

353. 下列强腐蚀性，剧毒物保管不妥的是（　）。

A. 容器必须密封好放于专门的柜子锁好

B. 强酸强碱要分开存放

C. 氢氟酸应用陶瓷罐密封保存

D. 浓 H_2SO_4 不要与水接触

354. 违背了易燃易爆物使用规则的是（　）。

A. 贮存易燃易爆物品，要根据种类和性质设置相应的安全措施

B. 遇水分解或发生燃烧爆炸的危险品，不准与水接触或存放在潮湿的地方
C. 试验后含有燃烧、爆炸的废液、废渣应倒入废液缸
D. 蒸馏低沸点的液体时，装置应安装紧固、严密

355. 下列操作正确的是(　　)。
A. 制备氢气时，装置旁同时做有明火加热的实验
B. 将强氧化剂放在一起研磨
C. 用四氯化碳灭火器扑金属钠、钾着火
D. 黄磷保存在盛水的玻璃容器里

356. (　　)能直接用火焰加热。
A. 操作易燃液体　　B. 加热易燃溶剂
C. 易燃物瓶塞打不开　　D. 拉制毛细管

357. 实验室中的仪器和试剂应(　　)存放。
A. 混合　　B. 分开　　C. 对应　　D. 任意

358. 实验室中不属于危险品化学试剂的是(　　)。
A. 易燃易爆物　　B. 放射性、有毒物品
C. 干冰、纯碱　　D. 氧化性、腐蚀性物品

359. 下面有关废气的处理错误的是(　　)。
A. 少量有毒气体可通过排风设备排出实验室
B. 量大的有毒气体必须经过处理后再排出室外
C. 二氧化硫气体可以不排出室外
D. 一氧化碳可点燃转化成二氧化碳再排

答案:

1. A	2. A	3. C	4. C	5. B	6. A	7. D	8. C	9. D	10. A
11. C	12. B	13. B	14. D	15. D	16. B	17. A	18. B	19. B	20. D
21. D	22. B	23. C	24. D	25. D	26. B	27. A	28. B	29. C	30. D
31. C	32. B	33. C	34. A	35. C	36. A	37. C	38. C	39. D	40. D
41. C	42. C	43. B	44. A	45. D	46. C	47. A	48. A	49. B	50. C
51. B	52 . C	53. D	54. D	55. C	56. C	57. D	58. C	59. A	60. C
61. A	62. C	63. A	64. B	65. A	66. B	67. D	68. B	69. C	70. B
71. B	72. B	73. B	74. A	75. D	76. D	77. D	78. A	79. D	80. A
81. C	82. B	83. D	84. B	85. D	86. A	87. B	88. D	89. A	90. D
91. A	92. D	93. C	94 . B	95. B	96. B	97. A	98. B	99. C	100. A
101. D	102. C	103. C	104. D	105. B	106. B	107. B	108. D	109. A	110. C

111.D 112.B 113.A 114.B 115.B 116.D 117.B 118.D 119.D 120.C
121.D 122.C 123.B 124.C 125.C 126.B 127.B 128.D 129.B 130.A
131.C 132.A 133.C 134.D 135.A 136.C 137.C 138.C 139.D 140.C
141.B 142.C 143.B 144.B 145.B 146.D 147.D 148.C 149.A 150.A
151.A 152.C 153.D 154.C 155.A 156.D 157.D 158.B 159.B 160.D
161.C 162.D 163.A 164.C 165C 166.A 167.B 168.C 169.B 170.D
171.C 172.A 173.B 174.C 175.C 176.A 177.C 178.D 179.A 180.C
181.C 182.C 183.A 184.A 185.B 186.B 187.A 188.A 189.A 190.B
191.A 192.D 193.A 194.D 195.D 196.D 197.A 198.D 199.B 200.C
201.C 202.C 203.D 204.A 205.C 206.D 207.C 208.A 209.B 210.C
211.D 212.A 213.B 214.B 215.A 216.D 217.A 218.B 219.D 220.C
221.A 222.D 223.D 224.C 225.A 226.A 227.B 228.C 229.D 230.C
231.C 232.B 233.D 234.C 235.B 236.B 237.C 238.B 239.C 240.A
241.A 242.B 243.D 244.C 245.D 246.C 247.C 248.D 249.B 250.A
251.C 252.A 253.C 254.A 255.B 256.D 257.B 258.B 259.C 260.C
261.A 262.C 263.A 264.D 265.B 266.C 267.D 268.C 269.D 270.B
271.B 272.A 273.C 274.B 275.B 276.A 277.A 278.C 279.C 280.A
281.C 282.C 283.A 284.C 285.D 286.C 287.D 288.C 289.A 290.C
291.B 292.D 293.A 294.C 295.B 296.B 297.B 298.C 299.B 300.A
301.A 302.A 303.C 304.D 305.D 306.C 307.A 308.B 309.D 310.D
311.C 312.A 313.B 314.A 315.C 316.A 317.C 318.A 319.B 320.A
321.B 322.D 323.A 324.B 325.D 326.A 327.D 328.B 329.B 330.A
331.A 332.B 333.B 334.D 335.B 336.D 337.A 338.A 339.A 340.B
341.C 342.B 343.A 344.C 345.D 346.D 347.C 348.C 349.B 350.B
351.C 352.D 353.C 354.C 355.D 356.D 357.B 358.C 359.C

三、计算题

1. 称取豆饼样品 0.500 0 g,滴定时耗用 0.098 0 mol/L 盐酸溶液 26.70 mL,空白测定中滴定数为 0.20 mL,计算此豆饼中粗蛋白质的含量?

2. 准确称取面粉 1 g,加 2%盐酸 100 mL,加热水解,中和后定容至 250 mL,过滤,然后准确吸取费林氏甲、乙液各 5 mL,以滤液滴定至终点,耗用滤液 16.25 mL,求面粉中的粗淀粉含量(1 mL 费林氏混合液相当于葡萄糖 0.005 0 g)。

3. 欲配制 0.260 0 mol/L 硫酸溶液 5 000 mL,需要量取浓硫酸(密度 1.84,98%)多少毫升?

4. 欲配制 0.308 0 mol/L 氢氧化钠溶液 2 000 mL，需要固体氢氧化钠多少克？

5. 吸取 25.00 mL 浓度为 0.255 0 mol/L 硫酸溶液于三角瓶中，加入甲基橙指示剂两滴，用氢氧化钠溶液滴定至终点，耗用氢氧化钠溶液假定为 17.50 mL，求氢氧化钠溶液的浓度是多少？

6. 吸取酱油样品 2.00 mL，滴定时消耗 0.107 6 mol/L 盐酸标准溶液 20.85 mL，空白试验消耗盐酸标准溶液 0.15 mL，计算酱油中全氮含量？

7. 取 10%酱油样品 10 mL，用 0.100 5mol/L NaOH 标准溶液滴至 pH 8.20 时，耗用 NaOH 标准溶液 4.10 mL，加入甲醛 10 mL 后继续用 0.100 5 mol/L NaOH 滴定，共耗用 NaOH 11.30 mL，10 mL 甲醛滴定耗用NaOH 1.20 mL，计算酱油中氨基酸态氮含量。

8. 取 10%酱油样品 2 mL，用 0.101 0mol/L $AgNO_3$ 标准溶液滴定耗用$AgNO_3$ 2.95 mL，空白滴定用 $AgNO_3$ 0.15 mL。该酱油中总固形物含量为 19.80 g/100 mL，计算该酱油样品中可溶性无盐固形物是多少？

9. 浓盐酸含 HCl 37%(按质量计)，密度为 1.19 g/mL，问多少毫升浓盐酸中含有 HCl 3.65 g？

10. 取 2 mL 食醋进行蒸馏，收集溶液 180 mL。滴定馏出液耗 0.098 8mol/L NaOH 溶液 10.13 mL，空白滴定耗用 NaOH 溶液 0.10 mL，求食醋中挥发酸含量。

11. 测定花生油的酸价，称取样品 2.968 7 g，以样品处理后，以 0.101 7 mol/L 氢氧化钠标准溶液滴定，耗用 2.01 mL，求此花生油的酸价？

12. 测定某样品的还原糖含量，吸取样液 50.00 mL，定容至 250 mL，再吸取 10.00 mL，稀释定容至 100 mL，用以滴定 10 mL 碱性酒石酸铜溶液，耗用 10.35 mL，另取标准葡萄糖溶液(1 mg/mL)滴定 10 mL 碱性酒石酸铜溶液，耗用 9.85 mL，求样品的还原糖含量？

13. 测定豆油过氧化值，称取样品 2.653 7 g，以 0.001 9mol/L 硫代硫酸滴定，耗用 13.51 mL，试剂空白滴定耗用 0.38 mL，求该物质的过氧化值？

14. 测定大豆的蛋白质含量，称取捣碎均匀的样品 0.650 2 g(含水分为 10.85 g/100 g)，样品经消化处理后定容至 100 mL，吸取消化稀释液 10.00 mL 进行碱化蒸馏，以 0.048 50 mol/L 盐酸标准溶液滴定硼酸吸收液，耗用 6.05 mL；试剂空白耗用 0.10 mL，求大豆蛋白质含量？

15. 吸取罐头汁液 20.00 mL，加水定容至 250 mL，吸取 10.00 mL 样品稀释液于 250 mL 锥形瓶中。加 50 mL 水及 1 mL 5%铬酸钾指示剂，用 0.098 41 mol/L 硝酸银标准溶液滴至终点，耗用标准滴定溶液 10.30 mL，空白试验不耗硝酸银标准溶液。求样液的氯化钠含量。

16.欲用荧光法测定某蔬菜原料中总抗坏血酸含量，称取 100 g 鲜样，按操作方法进行处理，得 200 g 匀浆。称取 20.0 g 匀浆用偏磷酸—乙酸溶液稀释至 100 mL，过滤、氧化后取 10.00 mL 按测定步骤处理，最后定容至 100 mL，进行荧光反应并测定荧光强度，减去空白后，查标准曲线得反应液中抗坏血酸浓度为 10 μg/mL，计算此蔬菜中总抗坏血酸含量。

17.以二乙氨基二硫代甲酸银比色法测定食品中砷含量，称取 10.00 g 粉碎的样品，以硝酸—硫酸消化法消化，消化液定容至 100 mL，吸取 50.0 mL 消化液(相当 5 g 样品)及同量试剂空白液按法操作，测吸光度并查标准曲线，得到 50 mL 样品消化液中砷含量为 3.4 μg，试剂空白液中砷含量为 1.4 μg，求此食品中砷含量。

18.欲测某液态食品中铅含量，吸取 5.00 mL 样品，于水浴上蒸干后用灰化法消化，最后转移并定容至 50 mL。吸取 10.00 mL 消化液及同量的试剂空白液依法用双硫腙比色法测吸光度，查标准曲线，得到测定用样品消化液中铅含量为 3.2 μg，试剂空白液中铅含量为 2.4 μg，求此食品中铅含量。

19.用钼蓝比色法测定某食品中含磷量，称取 2.000 g 样品用硫酸—硝酸—高氯酸湿法消化，消化液定容至 100 mL，准确吸取 2 mL 样品消化液及同量试剂空白液依法操作，减去空白后得到样品测定液中磷含量为 0.033 mg，求此样品含磷量。

20.用薄层层析法测定某食品中苯甲酸含量，称取 2.500 g 均匀样品，依法用乙醚抽提、洗涤、脱水后定容至 25 mL，吸取 10.00 mL 乙醚提取液，于 40℃水浴中挥干后，用 0.10 mL 乙醇溶解，作为点样层析用。展开后经与标准样比较，发现点样量为 2 μL 的样品液相当于 3 μg 苯甲酸，求此样品中苯甲酸的含量。

答案：

1.粗蛋白质的含量＝100%×[0.098 00×(26.70－0.20)×0.014×6.25]/0.50＝45.45%

2.面粉中淀粉的含量＝100%×[0.005×10×(250/16.25)]/1＝76.92%

3.$V(H_2SO_4)$＝(0.260 0×4 000/1 000)/[(1.84×98%)/98]＝56.5(mL)

4.m(NaOH)＝0.308 0×(2 000/1 000)×40＝24.64(g)

5.c(NaOH)＝(25.00×0.255 0)/17.50＝0.364 3(mol/L)

6.酱油中全氮含量(g/100 mL)＝100×[0.1076×(20.85－0.15)×0.014]/2.00＝1.56

7.酱油中氨基氮含量(g/100 mL)＝100×[0.100 5×(11.30－4.10－1.20)×0.014]/(10×10%)＝0.84

8. 无盐固形物(g/100 mL)＝19.80－100×[0.101 0×(2.95－0.15)×0.058 5]/(2×10%)＝11.53

9. V(HCl)＝3.65/(1.19%×37%)＝8.29(mL)

10. 食醋中挥发酸含量(g/100 mL)＝100×[0.098 82×(10.13－0.10)×0.060]/2＝3.05

11. 花生油的酸价(mg/g)＝(0.101 7×2.01×56.1)/2.968 7＝3.86

12. 样品的还原糖含量＝100×[(1×9.85/1 000)×(100/10.35)×(250/10)]/50.00＝4.76(g/100 g)

13. 豆油的过氧化值(meq/kg)＝1 000×[0.001 9×(13.51－0.38)]/2.657 3＝9.4

14. 蛋白质含量(g/100 g)＝100×{[0.048 50×(6.05－0.10)/1 000]×(100/10)×14×6.25}/[0.650 2×(1－0.108 5)]＝43.57

15. 氯化钠含量(g/100 mL)＝100×[(0.098 41×10.30/1 000)×250/10.00×58.5]/20.00＝7.41

16. 抗坏血酸含量(mg/100 g) ＝100×[(10×100/1 000)×(100/10.00)×(200/20.00)]/100＝100

17. 食品中砷含量(mg/kg)＝[(3.4－1.4)×(100/50)]/10.00＝0.4

18. 食品中铅含量(mg/L)＝[(3.2－2.4)×(50/10.00)×(1/1 000)]/[5.00×(1/1 000)]＝0.8

19. 样品含磷量(mg/100 g)＝100×(0.033×100/2)/2.000＝82.5

20. 样品中苯甲酸含量(g/kg)＝[(0.1×1 000/2)×3×(25/10.00)×(1/1 000)]/2.500＝0.15

操作技能部分

一、果酒中二氧化硫的测定

1. 操作步骤

吸取 5～10 mL 果酒样品于 100 mL 容量瓶中，以少量水稀释，加 20 mL 四氯汞钠吸收液，摇匀，最后以水定容，混匀，必要时过滤备用。

吸取 0、0.20、0.40、0.60、0.80、1.00、1.50、2.00 mL 二氧化硫标准使用液(相当于 0、0.4、0.8、1.2、1.6、2.0、3.0、4.0 mg 二氧化硫)，分别置于 25 mL 比色管

中。各加入四氯汞钠吸收液至 10 mL,然后各加 1 mL 12 g/L 氨基磺酸铵溶液、1 mL 2 g/L 甲醛溶液及 1 mL 盐酸副玫瑰苯胺溶液,摇匀,放置 20 min。用 1 cm 比色杯,以零管调零,于 550 nm 处测定吸光度,并绘制标准曲线。

吸取 0.5～5.0 mL 样品处理液(视含量高低而定)于 25 mL 比色管中按标准曲线绘制操作进行,于 550 nm 处测定吸光度,由标准曲线查出试液中二氧化硫量。

平行测定两次。

2. 数据记录及处理

(1)数据记录。

①标准吸收曲线

SO_2 标准使用液量/mL	0.00	0.20	0.40	0.60	0.80	1.00	1.50	2.00
SO_2 含量/(μg/25 mL)	0.00	0.40	0.80	1.20	1.60	2.00	3.00	4.00
吸光度								

②测定

测定次数	样品体积/mL	测定用样液体积/mL	吸光度
1			
2			

(2)以各标准液中的二氧化硫质量为横坐标,测得各标准液的吸光度为纵坐标,绘制标准曲线。根据样品液的吸光度,从标准曲线上查出样品液中二氧化硫的质量。

(3)计算样品中二氧化硫的含量(g/L)。

3. 准备要求

(1)可见分光光度计应处于稳定的工作状态,其他测定用仪器齐全;

(2)所用试剂及溶液均配制好。

4. 考核内容

(1)考核要求。

①正确、熟练使用可见分光光度计、吸量管、容量瓶;

②正确绘制标准曲线,并能准确查出测定结果;

③两次测定的结果之差,不得超过平均值的 10%;

④遵守操作规程,操作现场整洁。

(2)时间定额 120 min。

(3)安全文明生产。

①正确执行安全技术操作规程;

②按企业有关文明生产规定进行操作。

(4)评分表。参见表 1。

表 1　果酒中二氧化硫含量的测定评分表

序号	考核内容	考核要点	配分	评分标准	得分
1	吸量管、容量瓶操作使用	吸量管、容量瓶使用正确、规范	10 分	吸量管洗涤正确(1 分) 吸量管移液操作正确(2 分) 吸量管调零、放液准确(4 分) 容量瓶洗涤正确(1 分) 容量瓶定容准确(2 分)	
2	测定原理及操作步骤	测定原理及操作步骤熟悉、清楚	10 分	测定原理及操作步骤清楚(10 分) 测定原理及操作步骤基本清楚(6 分) 测定原理及操作步骤不清楚不给分	
3	分光光度计使用	分光光度计使用正确、操作熟练	20 分	分光光度计的工作原理清楚(5 分) 仪器校正准确(5 分) 吸收池洗涤、使用正确(5 分) 吸光度测定正确(5 分)	
4	数据处理	数据处理合理、准确	15 分	工作曲线绘制正确(8 分) 从工作曲线上查找结果正确(3 分) 结果计算正确(4 分)	
5	分析结果	分析结果准确	15 分	测定结果与真实值接近(8 分) 平行测定结果偏差符合要求(7 分)	
6	操作规程	按操作规程正确操作	10 分	能完全按照操作规程进行正确操作(10 分) 基本能按照操作规程进行操作(6 分) 不能按照操作规程进行操作不给分	
7	安全技术	正确执行安全技术操作规程	10 分	能正确执行安全技术操作规程(10 分) 基本能正确执行安全技术操作规程(6 分) 不能正确执行安全技术操作规程不给分	

续表

序号	考核内容	考核要点	配分	评分标准	得分
8	现场整洁	做到操作现场整洁	10 分	实验过程中能保持操作现场整洁(5 分) 实验结束后仪器清洗干净,现场整洁(5 分)	
	合 计		100 分	/	

二、硬糖中还原糖的测定

1. 操作步骤

(1)样品处理。准确称取 1 g 硬糖置于 250 mL 容量瓶中,加水溶解定容,摇匀,即为样品处理液。

(2)样液预测。移取已用葡萄糖标定好的费林氏甲、乙液各 5 mL 于 250 mL 锥形瓶中,置电炉上加热,使其在 2 min 内沸腾,沸腾后关小火焰,保持沸腾状态 15 s,加入次甲基蓝液 3 滴,徐徐滴入样液至蓝色完全褪尽为止,读取所用样液的体积即为预测体积。

(3)样液的测定。吸取费林氏甲、乙液各 5 mL 于 250 mL 锥形瓶中,一次加入比预测滴定量少 0.5～1.0 mL 的样液,置于电炉上使其在 2 min 内沸腾,沸腾后关小火焰.维持沸腾状态 2 min,加入 3 滴次甲基蓝液,一滴一滴地滴入样液,待蓝色褪尽即为终点,以此滴定量作为计算的依据。

平行测定两次。

2. 数据记录及处理

(1)数据记录。

测定次数	样品质量	标定时耗葡萄糖用量/mL				10 mL 碱性酒石酸铜相当于葡萄糖的质量/mg	测定时耗样品水解液的量/mL			
		1	2	3	平均值		1	2	3	平均值
1										
2										

(2)计算样品中还原糖含量(%)。

3.准备要求

(1)所用测定仪器准备齐全;

(2)所用试剂及溶液均配制好。

4.考核内容

(1)考核要求。

①正确、熟练使用分析天平、滴定管、吸量管、容量瓶、可调电炉;

②过滤、定容、滴定操作正确、熟练;

③平行测定两次,两次测定的结果之差不得超过平均值的10%;

④遵守操作规程,操作现场整洁。

(2)时间定额120 min。

(3)安全文明生产。

①正确执行安全技术操作规程;

②按企业有关文明生产规定进行操作。

(4)评分表。参见表1。

三、麦乳精中脂肪含量的测定

1.操作步骤

准确称取麦乳精1 g于50 mL大试管中,加入8 mL水,用玻璃棒充分混合,加10 mL盐酸。混匀后于70~80℃水浴中,每隔5~10 min用玻璃棒搅拌一次至脂肪游离为止,需40~50 min,取出静置,冷却。

取出试管加入10 mL乙醇,混合冷却后将混合物移入100 mL具塞量筒中,用25 mL乙醚分次冲洗试管,洗液一并倒入具塞量筒内。加塞振摇1 min,将塞子慢慢转动放出气体,再塞好,静置15 min,小心开塞,用石油醚-乙醚等量混合液冲洗塞及筒口附着的脂肪。静置10~20 min,待上部液体清晰,吸出上层清液于已恒量的脂肪瓶中,再加5 mL乙醚于具塞量筒内振摇,静置后仍将上层乙醚吸出,放入脂肪瓶中。用索氏提取器回收乙醚及石油醚。将脂肪瓶置95~105℃烘箱中干燥2 h,取出放干燥器中冷却30 min后称至恒量。

平行测定两次。

2.数据记录及处理

(1)数据记录。

g

测定次数	样品质量	脂肪瓶质量	脂肪加脂肪瓶质量
1			
2			

(2)计算样品中脂肪含量(%)。

3.准备要求

(1)所用测定仪器准备齐全;

(2)所用试剂及溶液均配制好。

4.考核内容

(1)考核要求。

①正确、熟练使用分析天平、吸量管、具塞量筒、索氏提取器、恒温水浴锅、恒温烘箱;

②提取、回收溶剂操作正确、熟练;

③平行测定两次,两次测定的结果之差不得超过平均值的5%;

④遵守操作规程,操作现场整洁。

(2)时间定额360 min。

(3)安全文明生产。

①正确执行安全技术操作规程;

②按企业有关文明生产规定进行操作。

(4)评分表。参见表1。

四、豆乳中蛋白质含量的测定

1.操作步骤

准确吸取25 mL豆乳,小心移入干燥洁净的500 mL凯氏烧瓶中,加入研细的硫酸铜0.5 g、硫酸钾10 g和浓硫酸20 mL,轻轻摇匀,安装消化装置,并将其以45°斜支于有小孔的石棉网上。用电炉以小火加热,待内容物全部炭化,泡沫停止产生后,加大火力,保持瓶内液体微沸,至液体变蓝绿色透明后,再继续加热微沸30 min,冷却。

将消化完全的消化液冷却后,完全转入100 mL容量瓶中,加蒸馏水至刻度,摇匀。装好微量定氮装置,准确量取消化稀释液10 mL于反应管内,经漏斗再加入10 mL 400 g/L氢氧化钠溶液使呈强碱性,用少量蒸馏水洗漏斗数次,夹好漏斗夹,进行水蒸汽蒸馏。冷凝管下端预先插入盛有10 mL 40 g/L(或20 g/L)硼酸吸收液的液面下。蒸馏至吸收液中所加的混合指示剂变为绿色开始计时，继续蒸馏10 min后，将冷凝管尖端提离液面再蒸馏1 min，用蒸馏水冲洗冷凝管尖端后停止蒸馏。馏出液用0.010 00 mol/L HCl标准溶液滴定至微红色为终点。同时做一空白试验。

平行测定两次。

2. 数据记录及处理

(1)数据记录。

测定次数	样品质量/g	c(HCl)/(mol/L)	样品滴定耗 HCl 标准溶液的体积/mL	空白滴定耗 HCl 标准溶液的体积/mL
1				
2				

(2)计算样品中蛋白质含量(g/100 mL)。

3. 准备要求

(1)所用测定仪器准备齐全；

(2)所用试剂及溶液均配制好。

4. 考核内容

(1)考核要求。

①正确、熟练使用滴定管、吸量管、容量瓶；

②消化、蒸馏、滴定操作正确、熟练；

③平行测定两次，两次测定的结果之差不得超过平均值的10%；

④遵守操作规程，操作现场整洁。

(2)时间定额360 min。

(3)安全文明生产。

①正确执行安全技术操作规程；

②按企业有关文明生产规定进行操作。

(4)评分表。参见表1。

五、青刀豆罐头中亚硝酸盐的测定

1. 操作步骤

样品用组织捣碎机捣碎，称取10 g匀浆于500 mL容量瓶中，加200 mL水，加果蔬提取剂100 mL，振摇提取1 h，加2.5 mol/L氢氧化钠40 mL，用重蒸馏水定容后立即过滤。取 60 mL 滤液于 100 mL 容量瓶中，加氢氧化铝乳液至刻度，用滤纸过滤，滤液应无色透明。

吸取 40 mL 上述滤液于 50 mL 比色管中，另吸取 0.00、0.20、0.40、0.60、0.80、1.00 mL 亚硝酸钠标准使用液（相当于 0、1、2、3、4、5 μg 亚硝酸钠），分别置于 50 mL 比色管中。于标准与样品管中分别加入 2 mL0.4%对氨基苯磺酸溶液，混匀，静置 3～5 min 后各加入 1 mL0.2%盐酸萘乙二胺溶液，加水至刻度，混匀，静置 15 min，用 2 cm 比色皿，以零管调节零点，于波长 538 nm 处测吸光度，绘制标准曲线比较。

2. 数据记录及处理

(1)数据记录。

①标准吸收曲线。

$NaNO_2$ 标准液量/mL	0.00	0.20	0.40	0.60	0.80	1.00
$NaNO_2$ 含量/(μg/50 mL)	0.0	1	2	3	4	5
吸光度						

②测定。

测定次数	样品质量/g	样液总体积/mL	测定用样液体积/mL	吸光度
1				
2				

(2)以各标准液中的亚硝酸钠质量为横坐标，测得各标准液的吸光度为纵坐标，绘制标准曲线。根据样品液的吸光度，从标准曲线上查出样品液中亚硝酸钠的质量。

(3)计算样品中亚硝酸盐含量(g/kg)。

3. 准备要求

(1)可见分光光度计应处于稳定的工作状态，其他测定用仪器齐全；

(2)所用试剂及溶液均配制好。

4. 考核内容

(1)考核要求。

①正确、熟练使用可见分光光度计、吸量管、容量瓶、组织捣碎机；

②正确绘制标准曲线，并能准确查出测定结果；

③两次测定的结果之差，不得超过平均值的 10%；

④遵守操作规程，操作现场整洁。

(2)时间定额 180 min。

(3)安全文明生产。

①正确执行安全技术操作规程；

②按企业有关文明生产规定进行操作。

(4)评分表。参见表 1。

六、食盐中硫酸盐的测定

1. 操作步骤

称取食盐 2.0～4.0 g，移入三角烧瓶中，加入 50 mL 水，待食盐溶解后，加入 1 mL 2.5 mol/L 盐酸溶液，加热煮沸 5 min。然后加入 2.5 mL 铬酸钡悬浮液，再煮沸 5 min 左右，使铬酸钡和硫酸盐生成硫酸钡沉淀。冷却，加入 1∶2 氢氧化铵溶液中和直至溶液呈柠檬黄色为止。将溶液过滤于 50 mL 比色管中，用少量水洗涤三角烧瓶，收集滤液于比色管中，用水稀释至刻度。以水为空白对照，在分光光度计波长 420 nm 处测得吸光度，并从标准曲线中查出硫酸盐含量。

准确吸取每毫升相当于 1 mg 硫酸根的标准溶液 0.0，0.5、1.0、1.5、2.0 和 2.5 mL，移入三角烧瓶中，加水至 50 mL，以下操作方法按样品测定方法进行，测得各浓度的吸光度，绘制标准曲线。

平行测定两次。

2. 数据记录及处理

(1)数据记录。

①标准吸收曲线。

硫酸盐标准液量/mL	0.00	0.50	1.00	1.50	2.00	2.50
硫酸盐含量/(mg/50 mL)	0.0	0.5	1	1.5	2	2.5
吸光度						

②测定。

测定次数	样品质量/g	样液总体积/mL	测定用样液体积/mL	吸光度
1				
2				

(2)以各标准液中的硫酸盐质量为横坐标，测得各标准液的吸光度为纵坐标，绘制标准曲线。根据样品液的吸光度，从标准曲线上查出样品液中硫酸盐的质量。

(3)计算样品中硫酸盐含量(mg/kg)。

3. 准备要求

(1)可见分光光度计应处于稳定的工作状态，其他测定用仪器齐全；

(2)所用试剂及溶液均配制好。

4. 考核内容

(1)考核要求。

①正确、熟练使用分光光度计、吸量管、容量瓶；

②正确绘制标准曲线，并能准确查出测定结果；

③两次测定的结果之差，不得超过平均值的 10%；

④遵守操作规程，操作现场整洁。

(2)时间定额 120 min。

(3)安全文明生产。

①正确执行安全技术操作规程；

②按企业有关文明生产规定进行操作。

(4)评分表。参见表 1。

七、饮料中细菌总数的测定

1. 操作步骤

以无菌操作，吸取 25 mL 饮料放入含有 225 mL 灭菌生理盐水三角烧瓶内，经充分振摇制成(1+10)的均匀稀释液。用 1 mL 无菌吸量管，吸取(1+10)稀释液 1 mL，注入含有 9 mL 灭菌生理盐水或其他稀释液的试管内，振摇试管混成(1+100)稀释液。另取 1 mL 灭菌吸量管，按上项操作顺序制 10 倍递增稀释液，如此每递增稀释一次，即换用 1 支 1 mL 灭菌吸量管。根据对糕点及糖果的卫生标准要求，选择 2～3 个适宜稀释度，每稀释度吸取 1 mL 稀释液于灭菌平皿内，一个稀释度接种 2 个平皿。立即将预先冷至 45℃的营养琼脂培养基倾注平皿约 15 mL，并转动平皿使混合均匀。同时，将营养琼脂培养基倾入加有 1 mL 稀释液的灭菌平皿内作空白对照。琼脂凝固后，翻转平皿(使平皿底朝上)，置于(36±1)℃温箱内培养(48±2)h 取出，计算平板内菌落数目，乘以稀释倍数，即得每克样品(或每毫升溶液)所含菌落总数。

2. 数据记录及处理

(1)将各稀释平板上的菌落数填入下表。

稀释度				
平皿 1 平皿 2 平均				

(2)根据实验结果报告检验结果：

每 1 mL 饮料中的菌落总数是______。

3. 准备要求

(1)所用测定仪器及无菌操作台准备齐全；

(2)所用试剂及溶液均配制好。

4. 考核内容

(1)考核要求。

①能正确配制检验所需的培养基；

②熟悉细菌的菌落特征，结果判断正确；

③仪器设备的使用规范、熟练，能正确进行无菌操作；

④遵守操作规程，操作现场整洁。

(2)时间定额。根据鉴定内容要求自行确定。

(3)安全文明生产。

①正确执行安全技术操作规程；

②按企业有关文明生产规定进行操作。

(4)评分表。参见表 1。

八、啤酒中大肠菌群的测定

1. 操作步骤

以无菌操作吸取 25 mL 啤酒放于含有 225 mL 灭菌生理盐水的灭菌三角烧瓶内，经充分振摇制成(1∶10)的均匀稀释液。用 1 mL 灭菌吸量管吸取(1∶10)稀释液 1 mL，注入含有 9 mL 灭菌生理盐水或其他稀释液的试管内，振摇试管混匀，作成(1∶100)的稀释液。另取 1 mL 灭菌吸量管，按上项操作依次作 10 倍递增稀释液，每递增稀释一次，换用 1 支 1 mL 灭菌吸量管。根据月饼污染情况的估计，选择 3 个稀释度，每个稀释度接种 3 管。选择 3 个稀释度分别接种于乳糖胆盐发酵管内，接种量在 1 mL 以上者，可用双料乳糖胆盐发酵管；1 mL 及 1 mL 以下者，可用单料乳糖胆盐发酵管。每一稀释度接种 3 管，置于(36±1)℃温箱内，培养(24±2)h，如所有乳糖胆盐发酵管都不产气，则可报告为大肠菌群阴性，如有产气者，则按下列程序进行检验。将产气的发酵管分别转种在伊红美蓝琼脂平板上，置于35～37℃恒温箱内，培养18～24 h，然后取出观察菌落形态，并做革兰氏染色、镜检和乳糖复发酵试验。在上述平板上，挑取可疑大肠菌群菌落1～2个进行革兰氏染色，同时接种乳糖发酵管，置于(36±1)℃恒温箱内培养(24±2)h，观察产气情况。

2. 数据记录及处理

(1)将各步实验结果填入下表。

符号	接种量/mL	乳糖胆盐发酵管发酵情况	EMB平板上生长情况	革兰氏染色及镜检情况	复发酵管发酵情况	结论

(2)根据上述结果查大肠菌群最可能数(MPN)检索表，得出每100 mL啤酒中大肠菌群细菌的最近似数是______。

3. 准备要求

(1)所用测定仪器及无菌操作台准备齐全；

(2)所用试剂及溶液均配制好。

4. 考核内容

(1)考核要求。

①能正确配制检验所需的培养基；

②熟悉大肠菌群的生化特征，结果判断正确；

③仪器设备的使用规范、熟练，能正确进行无菌操作；

④遵守操作规程，操作现场整洁。

(2)时间定额。根据鉴定内容要求自行确定。

(3)安全文明生产。

①正确执行安全技术操作规程；

②按企业有关文明生产规定进行操作。

(4)评分表。参见表1。

附录 A　部分食品中微生物限量国家标准

一、肉及肉制品

1. 肉灌肠卫生标准 GB 2725.1—1994

项目	出厂指标	销售指标
菌落总数/(个/g)	≤20 000	≤50 000
大肠菌群/(个/100 g)	≤30	≤30
致病菌(系指肠道致病菌及致病性球菌)	不得检出	不得检出

2. 烧烤肉卫生标准 GB 2727—1994

项目	出厂指标	销售指标
菌落总数/(个/ cm^2)	≤50 000	≤50 000
大肠菌群/(个/100 cm^2)	≤40	≤100
致病菌(系指肠道致病菌及致病性球菌)	不得检出	不得检出

3. 酱卤肉类卫生标准 GB 2726—1996

项目	出厂指标	销售指标
菌落总数/(个/g)	≤30 000	≤80 000
大肠菌群/(个/100 g)	≤70	≤150
致病菌(系指肠道致病菌及致病性球菌)	不得检出	不得检出

二、乳及乳制品

1. 全脂乳粉 GB 5410—1999

项　目	特级	一级	二级
细菌总数/(个/g)	≤20 000	≤30 000	≤50 000
大肠菌群(近似数)/(个/100 g)	≤40	≤90	≤90
致病菌	不得检出	不得检出	不得检出

2. 脱脂乳粉 GB 5411—85

项　目	特级	一级	二级
细菌总数/(个/g)	≤20 000	≤30 000	≤50 000
大肠菌群(近似数)/(个/100 g)	≤40	≤90	≤90
致病菌	不得检出	不得检出	不得检出

3. 全脂加糖乳粉 GB 5412—85

项　目	特级	一级	二级
细菌总数/(个/g)	≤20 000	≤30 000	≤50 000
大肠菌群(近似数)/(个/100 g)	≤40	≤90	≤90
致病菌	不得检出	不得检出	不得检出

4. 全脂无糖炼乳和全脂加糖炼乳 GB 5417—1999

项　目	全脂无糖炼乳	全脂加糖炼乳
细菌总数/(个/g)	商业无菌	≤50 000
大肠菌群(近似数)/(个/100 g)	商业无菌	≤90
致病菌(指肠道致病菌和致病性球菌)	不得检出	不得检出

三、食盐、调味品

1. 酱油卫生标准 GB 2717—1996

细菌总数(适用于餐桌酱油)/(个/mL)	≤30 000
大肠菌群/(个/100 mL)	≤30
致病菌(系指肠道致病菌)	不得检出

2. 食醋卫生标准 GB 2719—1996

细菌总数/(个/mL)	≤10 000
大肠菌群/(个/100 mL)	≤3
致病菌(系指肠道致病菌)	不得检出

四、蛋及蛋制品

品种	菌落总数/(个/g) ≤	大肠菌群 /(MPN/100 g)≤	致病菌 (系指沙门氏菌)
巴氏杀菌冰鸡全蛋	5 000	1 000	不得检出
冰鸡蛋黄	1×10^6	1.1×10^6	
冰鸡蛋白	1×10^6	1.1×10^6	
巴氏杀菌鸡全蛋粉	1×10^4		
鸡蛋黄粉	5×10^4	90	
鸡蛋白片		40	
成蛋			
糟蛋	100	30	
皮蛋	500	30	

五、糕点、糖果制品

1. 糖果卫生标准 GB 9678.1—1994(代替 GB 9678—88)

项 目	品种	指标
菌落总数/(个/g)	硬糖	≤750
	半软糖	420 000
	夹心糖	42 500
	软糖	41 000
大肠菌群/(个/100 g)	硬糖	430
	半软糖	4 440
	夹心糖	490
	软糖	490

续表

项目	品种	指标
致病菌	硬糖	不得检出
	半软糖	不得检出
	夹心糖	不得检出
	软糖	不得检出

2. 糕点面包卫生标准 GB 7099—1998

细菌总数/(个/g)	出厂	冷加工≤50 00,热加工≤1 000
	销售	冷加工≤10 000,热加工≤1 500
大肠菌群/(个/100 g)	出厂	冷加工≤150,热加工≤30
	销售	冷加工≤300,热加工≤30
霉菌计数/(个/g)	出厂	≤100
	销售	≤300

3. 糕点、饼干、面包卫生标准 GB 7100—1986

细菌总数/(个/g)	出厂	不含奶油 ≤750　含奶油≤1500
	销售	不含奶油 ≤1 000　含奶油 ≤2 000
大肠菌群/(个/100 g)	出厂 销售	不含奶油≤30　含奶油≤40
霉菌计数/(个/g)	出厂 销售	不含奶油≤50　含奶油≤100

六、酒、饮料、冷饮食品

1. 发酵酒卫生标准 GB 2758—1981

项目	生啤酒	熟啤酒	黄酒	葡萄酒
细菌总数/(个/mL)	—	≤50	≤50	≤50
大肠菌群/(个/100 mL)	≤50	≤3	≤3	≤3

2.冷饮食品卫生标准 GB 2759.1—96，碳酸饮料卫生标准 GB 2759.2—96

项目	细菌总数/(个/mL)	大肠菌群/(个/100 mL)	致病菌
瓶装汽水(包括瓶装盐汽水)	≤100	≤6	不得检出
食用冰块	≤100	≤6	不得检出
仅含淀粉或果类的冷冻食品	≤3 000	≤100	不得检出
含乳蛋10%以下的冷冻食品	≤10 000	≤250	不得检出
含豆类冷冻食品	≤20 000	≤450	不得检出
含乳蛋10%以上的冷冻食品	≤25 000	≤450	不得检出

实验室技术及安全要点

一、实验室安全要点

1. 防止中毒

(1)剧毒性药品必须制订保管、使用制度，严格遵守。这类药品应专人、专柜加锁保管。

(2)一切盛装药品的试剂瓶，要有完整的标签。

(3)严禁在实验室内喝水、进食和抽烟。

(4)严禁试剂入口，用移液管吸取有毒溶液时应该用橡皮球操作，不得用嘴；如需以鼻鉴别试剂时，应将试剂远离鼻子，以手轻轻扇动，稍嗅其臭即可，切勿以鼻子接近瓶口；如需对样品尝味，应该用玻棒蘸取样品少许尝味，疑为有毒的样品或试剂，严禁尝其味道。

(5)对于有毒气体或蒸汽的操作处理，应在毒气柜中进行，毒气柜应有良好的通风设施。

(6)如不慎发生中毒，应立即将中毒者移离现场，并送医院急救。

(7)实验完毕要洗手后才能离开实验室，不得将工作服带出实验室。

2. 防止燃烧和爆炸

(1)挥发性药品应该存放在通风良好、温度较低的地方，易燃药品在贮藏和使用时都应远离火源。

(2)开启易挥发的试剂瓶时，不可使瓶口对着自己或他人的脸部，以免引起伤害事故。当室温较高时，打开密封的、盛装易挥发试剂瓶塞前，应先把试剂瓶放在冷水中冷却。

(3)实验过程中，如需加热蒸除易挥发和易燃的有机溶剂，应在水浴锅或密封式电热板上缓缓进行，严禁用火焰或电炉直接加热。

(4)严禁氧化剂与可燃物质一起研磨。爆炸性药品，如苦味酸、高氯酸和高氯酸盐、过氧化氢以及高压气体瓶等应放在低温处保管，不得与其他易燃物放在一起，移动时不得剧烈振动。

(5)盛装压缩气或液化气的钢瓶在装气前应该经过试压，试压有效期为3年，各种气瓶必须按规定漆上颜色和标明气体名称。瓶身应具备减震橡皮圈，运输时要旋紧瓶帽，轻装，轻卸，严禁抛、滑、撞，贮气钢瓶不应放在高温处或暴晒。

(6)贮气钢瓶的出气口不准对着人。未装减压阀，不能打开钢瓶阀门，开启钢瓶阀门的动作必须缓慢。钢瓶中的气体尚未全部用完，即需重新灌气。气瓶不应放在用气室内，不能用普通钢瓶盛装乙炔，乙炔钢瓶瓶口阀门系特种钢材制成，以防乙炔与铜、铁等金属化合生成易爆炸物。

3. 防止腐蚀和其他伤害

(1)腐蚀和刺激性药品，如强酸、强碱、氨水、过氧化氢、冰醋酸等，取用时尽可能戴上橡皮手套和防护眼镜；倾倒时切勿直对容器口俯视；吸取时，应该使用橡皮球。

(2)往玻璃管上套橡皮管(塞)时，管端应烧圆滑，并用水或甘油浸湿橡皮管(塞)内部，用布裹手，以防玻管破碎时割伤手，尽量不要使用薄壁玻管。

4. 安全使用电器设备

(1)同时使用多个电器设备时，总电流强度不应超过该试验室电路设计的最大负荷。

(2)各种电器应该安装在稳固妥善的台上，电热器与木制桌、架应隔开一定距离。电器接线应牢固，并且应安装可靠的地线，用前检查是否漏电。

(3)线路和电器(特别是控制部件)应保持干燥。实验室内不得有裸露的电线头。

(4)不得用铜丝代替保险丝，不得任意加粗保险丝，不得任意私自拆修电器。

(5)工作完毕，离开实验室前应切断电源。

二、实验室技术

1. 器皿的洗涤

(1)洗涤方法。进行检验工作前必须将所需器皿仔细洗净，洗净的器皿内壁应能被水均匀润湿而无条纹及水珠。一般玻璃器皿，可用刷子蘸去污粉、肥皂液或合成洗涤剂刷洗，此后再用自来水冲净、蒸馏水淋洗3次后供用。如刷洗后，器皿仍有污垢，可根据污垢的性质选择合适的洗涤液浸泡，浸泡前应将器皿内的水液倒尽，浸泡后，洗涤液可收回贮存，以备下次再用。洗涤液浸泡的方法特别适宜于不能用刷子刷洗的器皿的清洁，如容量瓶、移液管和比色管等。

塑料器皿不能用强氧化剂洗涤 其洗涤方法除用去污粉、肥皂液或合成洗涤剂刷洗外，还可用 1∶1 盐酸浸泡 1 周，水冲洗后，再用 1∶1 硝酸浸泡 1 周，水冲净后，再以水浸泡数日(要定期换水)即可使用。

(2)常用洗涤液。

①铬酸洗涤液：称取工业品重铬酸钾 5 g 置于烧杯中，加水 10 mL 并加热溶解，放冷，小心缓缓加入 80 mL 粗硫酸，边加边搅拌。冷却后贮于小口玻塞磨口试剂瓶中，防止被水稀释而降低洗涤效果。本洗涤液氧化能力强，适宜于洗涤无机物污垢。

②氢氧化钠高锰酸钾洗涤液：称取高锰酸钾 4 g 溶于少量水中，缓缓加入 100 mL 10%氢氧化钠溶液即成。该溶液用于洗涤油腻及有机物污垢。洗后在玻璃上留下的二氧化锰沉淀可用硫酸或亚硫酸钠溶液洗去。

③肥皂液、碱液(浓度 30%～40%)或合成洗涤剂。用于洗涤油脂污垢。该洗涤液经加热后的洗涤效果更好。

④酸性硫酸亚铁溶液、草酸或盐酸洗涤液。用于洗涤高锰酸钾留在器皿上的二氧化锰。多数不溶于水的无机物质，如灼烧、过沉淀的瓷坩埚，用热盐酸洗涤的效果很好。

⑤硝酸洗涤液。适用于测定金属元素，如汞、镉、铅等所用器皿的浸泡，一般用 5%或更浓的浓度。

⑥各种有机溶剂，如氯仿、乙醚、丙酮等，专门用于洗涤油腻污垢。

2. 坩埚和蒸发皿的编号

在洗净的瓷坩埚和瓷蒸发皿的编号位置处，用加有少许铁盐的蓝墨水书写编号，晾干后放入高温电炉中，于 600～800℃灼烧 30 min 以上，用酒精喷灯灼烧亦可，冷却即成。玻璃器皿(包括玻璃蒸发皿)编号前，应洗净晾干，在编号位置处涂上一层熔化石蜡，待凝固后用针将薄层石蜡刻透，反复多次向刻有编号的位置处涂氢氟酸，久置，刮去石蜡，洗净玻璃器皿即可。

3. 各种实验用水及其制备

(1)普通蒸馏水。可供一般实验使用，但其质量不固定，常常不适用于微量分析。影响蒸馏水纯度的原因，可能由于冷凝器及容器的污染，空气中灰尘及各种气体和蒸汽的污染，也可能由于蒸汽携带溅出的液滴所污染。通过重蒸馏或离子交换可使其纯化。

(2)重蒸馏水。普通蒸馏水经硬质全玻蒸馏器重蒸馏，其中重金属含量极低，可供微量分析用。将蒸馏水以高锰酸钾或其他氧化剂处理后重蒸馏，可得到不含有机还原性物质的重蒸馏水；如加入硫酸酸化后重蒸馏可除去氨；加入氢氧化钠溶液碱化后重蒸馏可除去碘和酚;加入氢氧化钠溶液和三氯化铝后重蒸馏可除去氟;先使普通蒸馏水通过活性炭过滤,再重蒸馏可得到无汞蒸馏水。

(3)离子交换水。将经沉淀过滤的自来水或普通蒸馏水经过阴、阳离子交换树脂,可有效地除去多种离子,但可能会含有微量有机物。当交换树脂处理不合格时,水更容易受到其他污染。

4. 垂熔滤器使用注意事项

垂熔滤器又称玻砂滤器,是利用玻璃粉末烧结制成多孔性滤片,再焊接在具有相同或相似膨胀系数的玻壳或玻管上。按滤片平均孔径大小分为6个号,用以过滤不同的沉淀物,见下表。

编号	平均孔径/μm	一般用途
1	80～120	滤除粗颗粒沉淀
2	40～80	滤除较粗颗粒沉淀
3	15～40	滤除一般结晶沉淀和杂质
4	5～15	滤除细颗粒沉淀
5	2～5	滤除极细颗粒沉淀,滤除较大细菌
6	>2	滤除细菌

(1)新滤器用前要用热盐酸或铬酸洗液抽滤,立即用水除去滤器中的灰尘等杂质。

(2)禁止过滤浓氢氟酸、热浓磷酸及浓碱液,因为这些试剂可溶解滤片的微粒,使滤孔增大并造成滤片脱裂。

(3)每次用毕或使用一段时间后,必须进行及时而有效的清洗,洗涤方法有机械冲洗和化学洗涤法。机械冲洗法是将滤器倒置,在过滤的相反方向用蒸馏水反复冲洗,如采用减压方法,更可提高洗涤效率。化学洗涤法是针对不同的沉淀物,采用各种有效洗涤液洗涤或浸泡,再用水冲净、晾干即可。常用洗涤液列表如下:

沉淀物	有效洗涤液
脂肪	四氯化碳
蛋白质 葡萄糖	盐酸、热氨水、热硫酸硝酸混合液
有机物及碳化物	热铬酸洗涤液或硝酸钾硫酸液浸泡
铜 铁化合物	加有氯酸钾的热盐酸

续表

沉淀物	有效洗涤液
硫酸钡	100℃硫酸
汞渣	热硝酸
硫化汞	热王水
氯化银	氨水或硫代硫酸钠溶液
铝质、硅质残渣	先用2%氢氟酸，继用硫酸洗涤，立即用水冲洗至不检出酸

参考文献

[1] 杜苏英.食品分析与检验.北京:高等教育出版社,2002.

[2] 无锡轻工业学院等.食品分析.北京:轻工业出版社,1983.

[3] 四川省南充农业学校.食品分析.北京:农业出版社,1990.

[4] 广西壮族自治区农业学校.酿造学.北京:农业出版社,1991.

[5] 孙锡斌.动物性食品卫生检验.武汉:湖北科学技术出版社,1986.

[6] 夏玉宇.化验员实用手册.北京:化学工业出版社,1999.